SeaEagle

U0538608

SeaEagle

想要裝滿水，木桶所有的木板就要一樣高！

長板與短板理論

木桶定律

李慧泉——著

「劣勢決定優勢，劣勢決定生死，這是市場競爭的殘酷法則。」

——沃爾瑪創辦人 山姆・沃爾頓

Cannikin Law

前言

不管是企業還是個人，不管你有沒有意識到，都在不同程度上存在著缺點和不足。任何一個區域都有「最短的木板」，它有可能是某個人，或是某個行業，或是某件事。

面對自己的這些缺點和不足，有些人從沒察覺到，有些人雖然有所察覺，卻聽之任之，他們永遠只會在原地踏步或每況愈下。

不管是個人還是組織，要保持充沛的競爭力，不能單靠在某個方面的超群和突出之處，而是要看整體的狀況和實力，看它是否存在某些突出的薄弱環節。劣勢決定優勢，劣勢決定生死，這是市場競爭的殘酷法則。

於是，我想到了管理學界知名的木桶定律：一只沿口不齊的木桶，盛水的多少，不在於木桶上最長的那塊木板，而在於最短的那塊木板。想要提高水桶的整體容量，不是去加長最長的那塊木板，而是要下功夫依次補齊最短的木板；此外，一只木桶能夠裝多少水，不僅取決於每一塊木板的長度，還取決於木板間的結合是否緊密。如果木板間存在縫隙，或者縫隙很大，同樣無法裝滿水，甚至一滴水都沒有。

我還認識到，僅僅理解木桶定律並不足以使我們真正彌補企業和個人的弱點和缺陷。我們不僅要理解木桶定律，更要瞭解木桶定律產生的根源；不僅要認識到短板的危害，更要知道如何尋找短板、補短和除去短板；不僅需要加長木桶中的短木板，更需要注意木板間的結合是否緊密。

引申到企業管理中，我們不僅需要彌補企業的短板（它可能是企業的資金、技術、人才、產品、營銷、管理，也有可能是企業的某個環節或個人），更需要加強企業文化的黏合力，進行團隊建設。於是就有了本書的誕生。

本書可以說是企業和個人對付弱點和不足的最好良藥，也是相關題材的第一本書，有了它，不管是企業和個人，都不會再害怕弱點，都將在原有基礎上不斷的超越。

目錄

第二章 新發展觀

第三章 原因和延伸

第四章 尋找短板

想要裝滿水，
木桶所有的木板就要一樣高！

一第五章一
除去短板

第六章

補短和防短

第七章 抓短和護短

第八章 反木桶定律

第一章

問題的提出

如果我們把企業看成一只木桶，而把企業經營需要的各種資源與要素比喻成組成木桶的每一塊木板，比如：資金、技術、人才、產品、營銷、管理，一個企業取得業績的大小，取決於企業資源中最短缺的資源和要素。

企業：一只不斷擴大容量的木桶

對於企業的發展，有一個非常恰當的比喻——「木桶定律」：一只木桶盛水的多少，並不取決於桶壁上最長的那塊木板，而恰恰取決於桶壁上最短的那塊木板。人們把這一規律總結成為「木桶定律」，「木桶理論」或「木桶效應」，本書中則統一稱之為「木桶定律」。

根據這一核心內容，木桶定律還有三個推論：

——只有構成木桶的所有木板都足夠高，木桶才能盛滿水；

——所有木板比最低木板高出的部分都是沒有意義的，高的越多，浪費越大；

——想要增加木桶的容量，應該設法加高最低木板的高度，這是最有效也是最直接的途徑。

木桶定律告訴我們：一只沿口不齊的木桶，盛水的多少，不在於木桶上最長的那塊木板，而在於最短的那塊木板，想要提高水桶的整體容量，不是去加長最長的那塊木板，而是要下功夫依次補齊最短的木板。

你可以很容易發現木桶和企業的共同之處，即構成企業的各個部分往往是優劣不齊的，劣質部分往往決定整個企業的水準。因為，最短的木板在對最長的木板產生限制和制約作用，進而決定整個企業的戰鬥力，影響整個企業的綜合實力。

因此，一個企業，不是單靠在某個方面的超群和突出就能立於不敗之地的，而是要看整體的狀況和實力；一個團體，是否具有強大的競爭力，往往取決於其是否存在突出的薄弱環節。劣勢決定優勢，劣勢決定生死，這是市場競爭的殘酷法則。

引申到企業管理中，制約企業發展的往往是少數的，一兩個重要的、關鍵的問題，如管理能力、資金、技術、人才問題等。**如果我們把企業當成一只木桶，而把企業經營需要的各種資源與要素比喻成組成木桶的每一塊木板，比如：資金、技術、人才、產**

品、營銷、管理，一個企業取得業績的大小，取決於企業資源中最短缺的資源和要素。

換個角度說，在企業的銷售能力、市場開發能力、服務能力、生產管理能力中，如果某個方面的能力稍低，就很難在市場上長久獲利。

其實，一個企業做的再好，管理上都有潛力可挖，換句話說，每個企業都有它的薄弱環節，正是這些環節使企業許多資源閒置甚至浪費，發揮不了應有的作用。如常見的互相扯後腿、決策效率低、實施不力等薄弱環節，都嚴重地影響並制約著企業的發展。

因此，企業想要做好，必須從產品設計、價格政策、通路建設、品牌培植、技術開發、財務監控、團隊培育、文化理念、戰略定位等各方面一一做到才行。任何一個環節太薄弱都有可能導致企業在競爭中處於不利位置，最終導致失敗的惡果。

木板一：人力資源管理

在創業初期，美國麥考密克公司發展非常迅速，短短的幾年時間，憑藉正確的定位和競爭策略，很快在市場上奠定了行業領導者的地位。但是，由於市場的利潤空間較大，進入門檻較低，競爭對手紛紛跟進，競爭形勢很快惡化，銷售收入一路下降，麥考密克公司市場地位受到強烈的挑戰。

這時，企業的決策者意識到，大力開拓新市場才是當務之急，但他們很快發現，由於長期忽視人力資源的管理，公司根本沒有儲備的人才可以輸出，面對誘人的機會，麥考密克的高層只能無能為力。

相對於其他企業而言，他們的人力資源管理是非常薄弱的，一方面是在企業的發展過程中，還從來沒有將人力資源管理提高到企業戰略的高度，企業的人力資源部充其量也只是「老闆」的「一隻手」而已，很多以人為本的先進理念僅僅停留在口號、標語的狀態，至於說一些先進的績效管理理念、科學人力資源管理的方法等都還是空白。

一個組織嚴密的企業就像是一部高速運轉的機器，在這個系統中，只要有一環不匹配就可能導致機器整體功能的低下，而員工就是這個機器的某個零件，想要實現企業的高速運轉，就必須重視人力資源的管理。美國管理學家孔茲認為，在企業發展之初過於注重市場銷售與生產管理，而忽視了人力資源的管理、人才的培養，是大部分企業繼續高速發展的瓶頸。

二十世紀後期，微軟公司是企業經營成功的一個典範。創建於一九七五年的這家個人電腦軟體製造商，經歷了前所未有的成長。以其銷售額為例，一九九〇年為十二億美元，一九九一年達到十八億美元，一九九二年儘管面臨經濟不景氣，銷售額仍然增加到二十七億美元。股票市場上對微軟公司的估價，比通用汽車公司和國際商用機器公司還要高。

微軟公司是一個知識密集型的企業，它的持續成長，依賴於一個穩定的充滿智慧和激情的工作團隊。正如公司的一位高級副總裁最近指出的：「你不可能使用低水準的程式設計師設計出偉大的電腦程式。」

一九八九年，微軟公司的薪水單上共有四千名員工，到一九九二年，員工人數超過了一萬人。填補公司員工配置需要的任務是非常艱鉅的，舉個例子來說，最近一年，微軟公司的人力資源部共審閱了十二萬多份簡歷，舉行了七千四百次面談，終於增聘了二千名新員工。

發現和選聘最優秀的人才，是微軟公司的首要任務。當比爾・蓋茲被問到他過去幾年為公司所做的最重要的事情時，他回答說：「我聘用了一批精明能幹的人。」

實踐是最好的檢驗標準，微軟公司的人員選聘過程，顯而易見是行之有效的。這家公司已經贏得了良好的聲譽，招聘到許多傑出的工程、營銷和管理人才。微軟公司的成長記錄有力地證明了有效的人力資源管理是其成功的最重要保障。

企業發展的實踐證明，在人力資源、市場營銷和財務管理方面存在的「短板」最容易發展成為制約企業發展的瓶頸。

存。

這些「短板」的存在，輕則制約了企業的發展速度，重則將直接影響到企業的生

木板二：市場營銷

不同類型、不同發展階段的企業在管理中表現的「短板」特徵並不一樣。有的表現為技術研發方面的缺陷；有的表現在市場營銷方面。對於很多傳統企業而言，由於固有的體制和歷史發展因素的影響，不僅在營銷的戰術上乏善可陳，而且在根本上缺乏現代市場營銷管理理念。

一家生產健康飲料的企業，一期投資二億元的資金，建造了非常現代化的生產設備，企業有很好的研發能力，帳上還有五千萬的現金支撐，企業的整個負債率很低。可以說，這是一家非常不錯的企業。

但是他們營銷上特別的差，只有一位從酒業挖過來的市場總監領著一群剛畢業的大學生，摸著石頭過河。結果怎樣呢？

半年時間廣告費花了八百多萬，結果連個區域市場都沒佔領。日產量七千箱的規模，每個月只能賣掉幾百箱。為什麼？因為沒有一個有力的營銷體系支撐，產銷不平衡，有資金，企業照樣沒辦法做得好。

很多企業的經營者常忽略應以市場為重心，在新事業的創業期間，這是一種最嚴重的成長傷害，有時甚至會造成永久性的傷害。

近兩年，蘋果電腦新品宣傳活動持續不斷，戰線從北拉到南，從東拉到西，前所未有的活躍。蘋果電腦總裁約伯斯希望能憑藉無論是款式還是功能都具有超前性的新款「iMac」電腦及其周邊產品拉動市場。

根據二○○一年的年度報告顯示，蘋果電腦公司的年度銷售額已經下滑三三%，股價下跌四○%左右。即使是最刻薄的競爭對手也不敢說蘋果電腦是平庸的，但業內人士認為，銷售是一直困擾蘋果的瓶頸。

因此，營銷業務在一個企業的整個經營過程中顯得尤為重要。人們在決定購買某一商品時，會受到一種潛意識的影響。商品資訊刺激的次數越多、越強烈，人們潛意識中商品的烙印也就越深刻，對商品的購買和消費就成為一種無意識行為。事實上，人們總是習慣於消費自己熟悉的商品。

所以，對商家來說，反覆地宣傳，在顧客心中造成強烈的印象，就是至關重要的問題了。著名的可口可樂公司，正是利用了顧客的這一消費心理，以鋪天蓋地的廣告大戰，奠定了可口可樂獨佔世界飲料業龍頭的至尊地位。

二十世紀三〇年代，可口可樂公司面臨嚴重的財政危機。為了擺脫困境，公司董事們決定聘用以推銷卡車而在亞特蘭大聞名遐邇的羅伯特·溫希普·伍德羅夫。

從此，伍德羅夫經營可口可樂公司長達半個世紀之久。他廣納四方財源，把推銷與宣傳融於一體，在國際市場上為可口可樂開闢了一個嶄新的天地。伍德羅夫跟一個朋友閒談時，這位朋友問他可口可樂成功的秘密，他說：「可口可樂九九·六九%是碳酸、糖漿和水，只能靠廣告宣傳，才能讓大家都接受！」

基於這一思想，伍德羅夫自接任總經理後極為重視廣告，對於一切報刊、電視、廣播、宣傳材料等能用來做廣告的媒體，無不儘量使用。即便是他個人的宴會，他也從不放過為可口可樂做廣告的機會，可謂是用心良苦。

可以說，伍德羅夫的鋪天蓋地式的廣告宣傳戰術，在第二次世界大戰期間就已發揮了很大的作用。經過一系列的活動，可口可樂在美軍中深受歡迎，有人將其稱為「可口可樂上校」、「生命之水」，並且認為可以沒有一切但不能沒有可口可樂。

第二次世界大戰中，從太平洋東岸到易北河邊，美軍沿途一共喝掉了一百多億瓶可口可樂。這樣，可口可樂像蒲公英的種子似的隨美軍飛到了歐洲許多國家，在某種程度上產生廣告宣傳的作用。事實上，沒過兩年，可口可樂便在英、意、法、瑞士、荷蘭、奧地利等許多國家市場上暢銷起來。

第二次世界大戰末期，可口可樂的月銷售已達到五十多億瓶，僅可口可樂裝瓶廠就增加到了六十四家。今天，從南極到北極，從最發達的國家到最不發達的國家，可口可樂無處不在；從家庭主婦到商界強人，從白髮老人至三歲孩童，可口可樂可以講是無人不曉。

這正是伍德羅夫的營銷高招留給世界的奇蹟。目前，可口可樂在世界上一百四十多個國家和地區暢銷，以每天銷售三億罐的記錄飲譽全世界，成為名副其實的「世界第一飲料」。

木板三：財務管理

缺乏正確的財務重心及財務政策，是新企業成長到發展階段時最大的一個威脅。最值得注意的是，對任何快速成長的新企業而言，這種情形對它們都可構成威脅。且企業愈成功，缺乏財務遠見的危險性就愈大。

假定某一新企業成功地推出了其產品或服務，獲得了快速的成長，並發布了「快速增加利潤」的樂觀預測。那麼，股票市場就會「發掘」這一家新企業，尤其當它是高科技企業或新近流行的企業的話，更是如此。

許多預測指出，這家新企業在五年內將有十億美元的營業額。但一年半後，這家新企業垮了。它不一定會關門大吉或宣告破產，可是它會嘗到連續赤字的滋味。新企業的二百七十五名員工中，可能有一百名遭到辭退；總裁易人，或被大公司廉價收購。發生這些情況的原因總是如出一轍：缺乏現金；無力籌措擴充規模的資金；無力控制各種開銷、存貨，及應收帳款，而且這三種財務困境通常會同時出現。然而，就算只發生其中一種困境，亦會危及新企業的健康，甚至其生存。一旦出現財務危機，只有花費極大的功夫，並且忍受極端的痛苦方能度過。

在創業之初，很少有創業家不在意錢財。相反，他們大多覺得錢是多多益善，因此他們都把重心放在利潤上。然而，對新企業而言，這是一個錯誤的重心。或者我們該說新企業應到最後再注重利潤，而不應在創業之初就太注意它。現金流量、資金及控制應擺在最前面。沒有這三者，利潤不過是一個虛幻的數字，也許不用一年或一年半，這些利潤都不見了。

發展企業需要作現金流量分析、現金流量預測，以及制定完善的現金管理。過去幾年來，美國的新企業在這方面的表現比以前好多了，主要是因為，美國新一代的創業家已瞭解到一個事實——**要達到創業目標，就必須做好財務管理。**

正在成長的事業必須知道，十二個月後公司的現金流量如何、何時需要、目的又如何。就算新事業表現良好，若要倉促籌措現金，或在「危機」出現時才籌措現金，不僅極為困難，而且代價極大。

最重要的是，這種情形總是讓公司內的重要人士在緊要關頭忙得暈頭轉向。他們需花費好幾個月的時間奔走於各個金融機構之間，被問題叢生的財務預測整得團團轉。最後，他們只好暫時擱置企業的長遠計畫，專心為九十天的現金周轉奔走。等到他們終於靜下心來考慮事業的前途時，不知道喪失了多少重要機會。對所有新企業而言，外面的機會愈大，現金周轉的壓力也愈大。

在創業之初，一個成長的新企業可能擁有最好的產品、最好的市場地位，以及最樂觀的成長前景。然後突然之間，應收帳款、存貨、製造成本、管理成本、服務、銷售等，一切都失去了控制。事實上，任何一項失去控制，都會產生連鎖反應。等到控制再度建立起來時，市場已失去了，顧客不是變得不滿意，就是採取敵視態度，經銷商也會對公司失去信心。最糟的是，員工對管理當局開始採取不信任的態度。

其實，管理失控、平衡崩潰的最大原因就是忽視了財務問題。這就像一個人在海上航行，如果指南針偏離了行進的方向，其結果只能是到不了目的地或者沉沒。作為一個企業的管理者，任何時候都要知道企業的財務狀況。**如果一個企業的會計報表一場糊塗，也就表示它離倒閉不遠了。**

木板四：品質管制

隨著科技的進步和社會的發展，企業間的競爭不斷加劇，顧客對產品和服務品質的期望也越來越高。產品品質的優劣已經成為增加市場佔有率的最關鍵因素，企業想要佔領市場，就必須在產品品質上下功夫，次級的產品想在苛刻的市場和顧客面前贏得一絲生存空間都已經不再可能。因此，產品品質的短板已經成為很多企業生死存亡的問題。

一九九九年六月九日，比利時一百二十人（其中有四十人是學生）在飲用可口可樂之後出現嘔吐、頭昏眼花及頭痛等中毒症狀；法國也有八十人出現同樣症狀。一週以後，比利時政府頒布禁令，禁止本國銷售可口可樂公司生產的各種品牌的飲料。

已經擁有一百一十三年歷史的可口可樂公司遭遇了歷史上最罕見的重大危機。在現代傳播媒體十分發達的今天，企業發生的危機可以在很短的時間內迅速而廣泛地傳播，其無形資產也可能在傾刻之間貶值，這對企業的生存和發展，都是致命的傷害。

一九九九年六月十七日，可口可樂公司首席執行官艾維斯特專程從美國趕到比利時首都布魯塞爾，在這裡舉行記者招待會。當日，會場上的每個座位上都擺放著一瓶可口可樂。在回答記者的提問時，艾維斯特這位兩年前上任的首席執行官反覆強調，可口可樂公司儘管出現了眼下的事件，但仍然是世界上一流的公司，它還要繼續為消費者生產一流的飲料。有趣的是，絕大多數記者並沒有飲用那瓶贈送給與會人員的可樂。

記者招待會的第二天，艾維斯特便在比利時的各家報紙上出現——由他簽名的致消費者的公開信中，仔細解釋了事故的原因，信中還做出種種保證，並提出要向比利時每戶家庭贈送一瓶可樂，以表示可口可樂公司的歉意。

與此同時，可口可樂公司宣布，將比利時國內同期上市的可樂全部收回，盡快宣布調查化驗結果，說明事故的影響範圍。可口可樂公司還表示要為所有中毒的顧客支付醫療費用。可口可樂其他地區的主管，也宣布其產品與比利時事件無關。市場銷售開始轉向正常，進而穩定了事故地區外的人心，控制了危機的蔓延。

根據估計，為平息中毒事件，可口可樂公司共收回了十四億瓶可樂，中毒事件造成的直接經濟損失高達六千多萬美元。可口可樂為此付出了慘重的代價。

木板五：管理者的素質

大部分的領導者對公司中的薄弱環節都會不遺餘力地進行改進，他們會儘量提高下屬的能力，彌補組織中的薄弱環節，但他們也許並沒有意識到，在很多時候，阻礙公司發展的決定因素，可能就在於自己已經成為組織中最短的那塊木板。

對於企業來說，用人和管理者自身素質在管理活動中是最容易出現也是最容易被忽略的問題。沒有具體、細緻而強有力的領導者，即使引進了先進的經營管理方法和生產組織形式，也不會收到較好的效果。

有一則寓言：鳥兒們聚在一起推舉它們的國王。孔雀說：「我最漂亮，國王應該由我來當」。這一提議立刻得到所有鳥兒的贊成。但一隻穴鳥卻不以為然地說：「當你統治鳥國的時候，如果有老鷹來追趕我們，你如何保護我們呢？」

對一個組織來說，「大老闆」是第一塊高度既定的木板，其具體的高度和能力數值，取決於其業務專長、品德、興趣等一系列的綜合指標。團隊的成敗，首先取決於「大老闆」的高度。

企業發展從小到大，要求企業家從衝鋒陷陣、直接領人做事，逐步轉化為授權激勵、讓人做事。在此過程中，管理所涉及的「瓶頸」問題也在不斷變化，如：從開始的單一職能、單一業務、單區域滲透，到多職能、多業務、多區域合作，再到多環節、多主體、多部門的前後整合。

管理者的職位註定了管理者的大腦必定是一部百科全書——無論經濟、管理、法律、自然科學、文化禮儀，總之他必須無所不知。同時，他還必須具有超人的魅力、健康的體魄、完善的心理和勝任角色。

在企業的發展過程中，管理者必須對企業自身潛能及其動態變化保持清醒的認識。俗話說：「最後一根稻草壓斷駱駝背」，小把戲能耍，大戲法不一定能變。比如，以前的公司注冊資本是一百萬，你可以經營得遊刃有餘，可現在突然有了五千萬，那麼在企業的經營上你還能像經營先前的公司一樣感到輕鬆嗎？

作為一名管理者，在決定企業的發展目標時，必須要有充分的思想準備，儲備多方面才能，不只在才識方面要有過人之處，更應該有應變的能力，如此，不但可服人，還能迅速應對不可預知的意外事件。管理者只有不斷地提升自己的「短板」，發展、提高自己的綜合技能，才能謀求更高的職位、承擔更大的責任。

其次是，「大老闆」根據自己的高度，來挑選副手，如總經理挑選若干副總經理等。挑選的原則是，能夠勝任相關的業務，也即副手的高度，必須與「大老闆」的高度相匹配。

木板六：企業文化

一個龐大的企業，如果沒有一套行之有效的財務制度和健全的企業文化，後果是很難想像的。如果說資金是企業發展的保障，企業文化就是凝聚人心的平台。

偉大的管理學家杜拉克有一句名言：「管理不只是一門學問，還應該是一種『文化』，它有自己的價值觀、信仰、工會、語言。」許多企業之所以失敗，就是忽視了企業文化的重要性。企業像人一樣，有自己特有的性格、風情和生存理念，一個沒有企業文化的企業就像一個沒有個性的人，別人不會注意它，自己也不會有什麼驚人之舉。

美國舊金山、洛杉磯一帶的企業，由於經驗比較豐富，它們對企業文化的理解與重視也提到了前所未有的高度。

洛杉磯的「追夢人」集團公司是專門從事珠寶、首飾生產、加工的企業，他們從創業初只有三十坪的小工廠，發展到今天有十六家企業的大中型集團公司，並獲得了迄今為止首飾界惟一的「馳名商標」稱號。面對這樣傲人的成績，集團總經理耐克・曼狄若把它歸功於公司的企業文化——「以誠治業」。

不管在什麼情況下，「追夢人」公司都十分注重自己特有的文化理念。「誠則成業，隨則毀業」，大到公司決策、小到幫助員工建立理財觀念，追夢人集團隨時都表現出對企業文化和團隊精神的重視，自上而下地在集團內部實施企業文化的塑造和整合。

對某些企業來說，他們整天想著如何把企業做強、做大，在實際經營中，卻只重視產品品質，只抓銷售業績，而忽視了對員工的生活和想法的瞭解，忽視了對企業文化的有機整合，最終使得企業文化停滯不前，阻礙了企業的長遠發展。

在知識經濟的今天，如果一個公司沒有企業文化的支撐，它註定是要短命的。現代化的企業不再是單純的生產流水線，而是一個充滿團結、競爭和活力的綜合性組織，要形成這樣的組織，就必須建設有特色的企業文化。

公司經營的平衡發展

如果把企業資源的各個要素（營銷、服務、資金、管理、人力、環境資源）比作木桶的桶板，把企業經營成果（競爭力、利潤）比作木桶裡盛的水，企業經營均衡問題也正是木桶定律所揭示的現象，即：各經營要素必須均衡發展，才能保證企業經營成果的最大化。

所謂均衡發展是指在企業經營過程中，透過企業各種經營要素和資源要素的均衡配置，達到企業資源應用的最優化和經營成果的最大化。這裡講的均衡當然不是簡單的平均概念，而是一種動態的最佳效應的結構組合。

企業成長速度的快慢，決定了企業的生死存亡。快速發展戰略的推行，能給企業帶來巨大的生機和利益空間，也一定會使企業產生不平衡的情況，如資金供求不平衡，市場供求不平衡，發展目標與實現能力不平衡，及內部整體與局部之間、部門之間、員工之間不平衡。

在龜兔賽跑中，烏龜跑得慢，但是它最後贏得了比賽。企業人士通常希望的成長速度是：快、更快、最快。然而，所有自然形成的系統，從生態到人類組織，都有其成長的最適當速率。

最適當速率遠低於可能達到的最快成長率。當企業成長過快，不平衡的現象超出一定的限度時，勢必造成諸多環節被忽視、被省略，系統自己將會以減緩成長的速度來尋求調整，如果處理不好就會使企業被擊垮，把企業引向危機的深淵甚至倒閉，這是極其危險的。

因此，既要讓企業快速地發展，又必須不斷地達到平衡，這是當今企業在激烈競爭的環境中獲得成功的兩個必要條件，也是現代企業經營的高超技藝與至上境界。

第二章

新發展觀

不管是對於一國的綜合國力，還是經濟、教育，甚至個人的自我發展，都要平衡發展，不能偏重一面，畸形發展。

國家：培育綜合國力

美國政治學和經濟學家奧爾森曾經提出著名的「奧爾森定律」，即歷史上許多國家的災難往往會互相重複，雖然在事前有許多徵兆，但可惜的是，每一個國家都只有在危機爆發後才意識到問題的存在，並且開始改弦易轍。

長期以來，許多國家為了加快某個方面的發展，往往採取高度傾斜的非均衡發展戰略，導致了極不平衡現象的發生，前蘇聯由於過於重視軍事競賽而忽略經濟和其他方面的建設就是一個典型的例子。

今天，各國貧富差距的矛盾日益尖銳，資源和生態環境問題日益突出，城鄉差距、地區差距進一步拉大，這些不平衡都嚴重地影響到了一個國家的綜合國力，任何一個方面的欠缺都可能成為一個國家可持續發展的瓶頸。

目前，任何一個國家要增強本國的綜合國力，都無法迴避科技、經濟、資源、生態環境和社會的協調與整合的問題。隨著社會知識化、科技資訊化和經濟全球化的不斷推進，人類世界將進入可持續發展綜合國力激烈競爭的時代。可持續發展綜合國力是一個國家的經濟能力、科技創新能力、社會發展能力、政府調控能力、生態系統服務能力等各方面的綜合展現。

從可持續發展意義上考察一個國家的綜合國力，不僅需要分析當前該國所擁有的政治、經濟、社會方面的能力，而且還需要研究支撐該國經濟社會發展的生態系統服務能力的變化趨勢。

可持續發展綜合國力的價值準則是國家在保持其生態系統可持續性的基礎上，推動包括社會效益和生態效益在內的廣義綜合國力的不斷提升，實現國家可持續發展的過程。顯然，可持續發展綜合國力的內涵決定了在提升可持續發展綜合國力的過程中，科技創新是關鍵手段，生態系統的可持續性是基礎，經濟系統的健康發展是條件，社會系統的持續進步是保障。

科技：獲得諾貝爾獎

「木桶定律」同樣適用於衡量一個國家的科學實力，現在用於評定科技實力的「容量」就是諾貝爾獎。諾貝爾獎設立於一九〇〇年，一九〇一年進行了第一次頒獎，到現在可以說設立已有一百多年的歷史了。

回顧諾貝爾獎一百多年的歷史，一般人對諾貝爾獎都有一個誤解，認為諾貝爾獎只是獎勵那些在自然科學的基礎研究領域取得突破性成就的科學家。比如說第一位諾貝爾物理獎得主是發現了X射線的倫琴，後來居里夫人因為發現了鐳和釙兩種放射性元素而得獎，還有愛因斯坦，一生沒有從事過技術和產業的工作，而是探索宇宙的奧秘和規律，這些都是科學發展的領域。

直到二十世紀中葉，事情才發生了根本的改變。一九四七年，電晶體的發明者獲得了諾貝爾獎。用現在的觀點來看，對應用技術的研究，甚至發明也可以獲得諾貝爾自然科學方面的獎項。

美國從二十世紀六〇年代迎來了一個科研創新的黃金期，基礎研究與應用技術交相輝映，新發現與新工藝、新材料和新產品不斷湧現，新技術又反過來促進了產業的繁榮，孕育出一批優秀的公司。

美國的科學政策經歷了「以軍事服務為主」的時期，「一戰」以前諾貝爾的自然科學獎主要集中在歐洲，美國只有一人獲獎；「二戰」以前，大約占一〇%；從「二戰」以後，美國人的獲獎比例大大提升，達到五〇%以上；而近期更高。

「二戰」以後，美國政府把基礎科學提高到前所未有的高度。「二戰」結束前的一九四四年，羅斯福總統要求就「如何將科學對戰爭勝利所產生的巨大作用的經驗用於和平時期」進行研究。一九五〇年，建立國家自然科學基金，專門資助那些本質上非商業性的基礎科學研究，並培養了眾多的諾貝爾獲獎者。

二十世紀九〇年代，美國進入「引導科學通往更廣闊的目標」的新時期，在這期間，基礎研究日益受到政府和大型企業以及各種基金會的重視，基礎性研究碩果累累，科學發現和技術發明層出不窮，使美國成為基礎研究和科學發展無可匹敵的國家。

現在，想要獲得諾貝爾獎往往是雙軌的，即基礎研究與應用開發的結合，科學與技術的結合，科技與開發以及產業化的結合。任何一個方面的缺失都可能導致科技的失衡，降低木桶的盛水容量。

教育：國家生存之本

前哈佛大學校長德瑞克・伯克說：「如果你認為教育太花錢，是雙料的愚蠢。」不建立一流的教育體系，任何國家的綜合國力都很難處於一流水準。任何一個國家想要使自己變得有競爭力，就必須先使教育有競爭力。

日本問題權威們一致認為，日本經濟增長的主要原因得益於其完善的教育體制。日本擁有全世界教育程度最高的勞動力，是全世界智商最高的國家。日本的高中生在全世界得分最高，他們九五％持有高中文憑，其水準相當於美國大專二年級。

大家都知道，工廠、設備和機構是建成所有公司大廈不可缺少的磚塊，但正如人們所說，兩條腿的凳子坐不穩，公司這只凳子的第三條腿就是擁有各種資訊和知識的人以及他們的想像力和創造力。

商界需要有學習經驗之人，因為工作和學習越來越密不可分。我們都必須迅速地處理大量的資訊，因為資訊是最具有競爭優勢的商品。我們需要的人才不僅要有熟練的基本技能，而且要懂得如何認識和傳達他們的思想；我們還需要他們能適時而變，能接受新觀念並與他人和睦相處。

橫掃經濟的技術革命需要勞動力空前提高其自身的教育程度。勞動力的品質決定經濟的成敗與否。以資訊知識為本的經濟中，教育便成了必不可少的基礎。

韓國經濟的快速發展也是全社會、全民族重視教育的結果。韓國人通常把經濟稱為第一經濟，而把促進經濟發展的教育稱為第二經濟。他們自豪地宣稱，韓國是全世界識字人口比率最高的國家之一，其成就的取得緣於全社會全民族重視教育。

韓國之所以能在教育上實現飛躍，得益於從中央政府到各個家庭同心協力的經濟支援。韓國學校分為國立、公立和私立三種。國立和公立學校主要依靠政府財政撥款辦學。韓國的教育財政一般由三部分組成：中央和地方各級政府財政撥款；學生交納的各種費用及家長交納的育成會和期成會的會費；學校法人和社會的捐助。

私立學校作為社會辦學的另一種形式，與政府辦學相結合，形成韓國教育的一個顯著特點。教育層次越高，私立比重越大，品質高、信譽好的學校往往是私立學校。私立學校的經費來源主要靠辦學者投入、政府支持和收取學費。企業投資辦教育，實行產、學、研結合，已經成為韓國比較普遍的辦學形式。

韓國是一個高度重視教育的國家，以父母為經濟中心支持子女上學，是學生得以保持不斷升學的主要動力。韓國的家庭是保持大韓民族優秀傳統的堡壘，在韓國教育投資的構成中，由學生父母承擔的教育費在教育投資總額中佔據了半壁江山。

美國施樂公司董事長柯恩斯認為，教育體系是國家生存之本。一個國家的經濟與社會生活方式一樣都依賴於教育事業，這並非是誇大其詞。如果不對教育提出更高的期望，整個國家的發展將困難重重。

如果繼續容忍經濟所需人才和學校畢業生不協調的矛盾，我們將失去競爭優勢，失去繁榮和原有的生活方式。這不僅威脅各國經濟，同時也威脅著各國文明。畢竟教育是為了繼承文明，但僅僅繼承還不夠——新一代都必須再學習。

個人成長：獲得全面的發展

培養各方面的能力

最近，哈佛大學向加州年僅十三歲的鮑爾斯奇——這位被譽為「數學神童」的少年發去預錄通知單，再次使「神童」話題成為加州家庭輿論的中心。

鮑爾斯奇經歷過數次跳級，從小學到中學，總共只接受了八年的正統教育。但正如哈佛一位教師所說：「一個真正的科學家，除了知識，還要懂得哲學、藝術等多門學科，可是鮑爾斯奇的文科成績很差，這對他將來的發展極為不利。」

木桶盛水的多少，不是看最長的那些木板，而是取決於最短的那塊木板，是它最終決定存水的容量。一個人的才能也是綜合性的，最長的總要受最短的制約。對於素質教育來說，我們同樣需要彌補短的木板。所以，在為「神童」特長而欣喜時，別忘了看他的短處。對於兒童來說，學習能力發展失衡如不能得到及時糾正，勢必影響未來的學習和生活。

所謂素質教育，從其內容上說，也就是要求學校、社會和家庭對學生的德、智、體、群、美等方面進行綜合提高的教育。如果把素質教育比作「木桶」的話，它由德育、智育、體育、群育、美育技能教育五塊「木板」組成。

那麼，如何使素質教育收到最好效果呢？也就是說，如何使這只「木桶」裝上最多的水呢？

在由德、智、體、群、美五塊「木板」圍成的素質教育中，不少的老師和家長都非常重視智育這塊「木板」的長度，而現行的升學制度、考試制度等考核方式，無疑也加劇了包括學生在內的人們對智育的畸型重視。

智育當然是素質教育中十分重要的內容，但是也不能因為重視智育而放鬆了德育、體育、群育和美育技能等方面的教育。

事實上，很多的學校、家庭中出現的問題都已經給我們敲響了警鐘。有的放鬆了對學生的思想品德教育，導致了他們犯罪；有的不重視學生的體育，結果一些成績優秀的學生成了「豆芽菜」體型；有的不注意學生的美育，導致他們盲目接受社會的反面文化……種種不良的社會現象提醒我們：無論是學校，還是家庭、社會，都不要單純地追求某個方面的教育。

特別是基礎教育階段，更要讓學生全面發展。也就是說，學生的優勢特長要保持，但不能「瘸腿」，不能放鬆甚至完全不管其他幾個方面的教育。

完整的知識結構

在個人的知識結構方面，木桶定律同樣成立，無論是專家還是知識面極寬的人，其知識的發揮機會與其知識結構都直接相關。對於一些存在某類知識缺陷的人來說，其發展總是存在瓶頸，在能力發揮方面必將受到制約。

比如，一個負責任的工程師不懂聚合物和多種示波器的話就不可能制定出切實可行的科技政策；一個市場銷售總監如果不瞭解消費者和產品的技術問題，就無法評估一種產品的銷售特點！

對於墨守成規的工程師來說，他們可以不尊重人的價值而只靠技術進步來評價一切，把人文科學和技術科學割裂開來。但這種割裂是人為的，違反生產力發展的，因為人的價值與技術並非是截然相反的東西，而是相互依存的，猶如一組組的氨基酸構成雙螺旋「ＤＮＡ」（去氧核糖核酸）一樣。

如果說工程師必須瞭解更多的人文學科，那麼人文科學家也必須瞭解更多的科學技術。與新興的工程師相比，我們更需要能駕馭電腦的哲學家。因為，他能超越狹窄的專業範圍來看問題，發揮各項才能的協同效應。

我們不但需要發現問題的人才，還極其需要解決問題的人才。許多人可以做到前者，但兩者皆備的人卻很少。因此，想要獲得頂峰的成就，最理想的方法就是均衡發展，以便把機會之門開得更大。

生活與事業：平衡自己的生活

工作和生活的平衡

二〇〇三年五月，《財富》雜誌對美國矽谷的企業家們的健康狀況進行了調查，該調查顯示，超負荷的工作和過於緊張的精神狀態是企業家們「最真實的生活」寫照。

工作壓力大是企業家們精神緊張的主要來源。受訪者每週工作都超過六十多個小時，很多人常常全週無休假，每天工作十二小時以上。在這份調查裡，僅有一〇%的企業高層管理者否認自己存在著工作壓力，超過一半的受訪者感覺到自己的工作壓力比較大。在股東利益和員工利益的背後，他們承擔著超乎尋常的責任。

美國亞特蘭大的一位心理醫生透露，他們在做心理健康檢查的時候，經常發現有些非常成功的企業家在心理醫生的面前會失聲痛哭，因為事業做得大，負債也多，想到這些內心就受不了，但這些又不能隨便告訴別人，只能悶在心裡，獨自承受。

激烈的市場競爭讓每個企業經營者的精神都高度緊張。若蘭‧布希內爾在接受《財富》的專訪時說，他每天工作十二小時以上，沒有假日，但還是「如履薄冰，戰戰兢兢」。他出差常選在週四，以使充分利用雙休日辦事，週一準時回公司上班。

調查還指出，企業家們的生活特點是：運動少、愛吃生食、睡眠差。八三％的被調查者沒有運動習慣，七五％的企業家體重超重，六〇％的人飲食習慣中有喜歡生食的愛好，五八％的人承認睡眠沒有規律，三三％的人認為自己的睡眠品質很差。

高負荷的腦力勞動，精神壓力過重，不規律的生活習慣和飲食，再加上運動不足，這些因素會導致「心累」、「身累」，通常表現為神經衰弱、失眠多夢、記憶力下降、肢體軟弱、精神疲乏、短氣少言、昏沉欲睡等症狀。醫學專家提醒，如果這些症狀得不到及時的關注和緩衝，身體恢復的難度就會增加，並容易導致腦血管、心血管等疾病的產生。

此外，當一名企業家對自己事業上的成就充滿自豪的時候，另一方面，他也許會對妻子（丈夫）、孩子感到虧欠，對朋友感到愧疚，對丟掉了自己的休閒愛好感到遺憾；與此同時，他還可能備感壓力，情緒失控，甚至心力交瘁。

很多企業家在事業上很成功，但對事業的投入犧牲或影響他們的個人生活。從事業角度講，他們是成功的；但從生活角度來看，他們卻是殘缺的，有些遺憾也許一生都無法彌補。

都說面對生活要有耐心和信心，但更重要的是要有一種健康平衡的心態。對名利、對家庭、對事業、對友情，我們要問問自己的內心渴求，什麼東西是浮華的，什麼東西是持久的，什麼東西能使內心甘甜如蜜。內心世界是一種永恆的東西，它能裝下我們一世的所見所求，它能讓我們咀嚼走過的人生。

在壓力大和節奏快的現代社會，我們更需要平衡自己。對於一個成年人，長久的鬱悶和焦躁不是人生的常態，賺錢是一種手段，但不是目標。幸福的標準其實很簡單，就是在面對各種欲望的同時，看看我們的內心是否平衡。

身體各個部分的平衡

美國人費克士知名度很高，許多人受他的影響透過慢跑收到了很好的健身效果。費克士本人身體原來一直不太好，而且還有心臟病，但他堅持慢跑鍛鍊，身體變得很棒。當時有人勸費克士去檢查一下身體，他不以為然，認為慢跑可治百病，即使有心臟病，也會在慢跑中痊愈。

突然有一天，費克士在慢跑鍛鍊中突發心臟病死去。人們一開始對他的猝死非常驚訝，最後透過醫院通知單上的告知，人們才知道費克士死於心臟病。

時下，仍有不少人採用單一的養生措施，經常擠出時間來鍛鍊，片面地加長組成木桶的長板，而忽視其他方面，更沒有加長「短板」的長度，特別是缺乏針對性的調理，毫無疑問，這樣無法達到養生的目的。

在加州世紀公園晨練中的一位老年朋友，睡眠一直不好，腿部常常肌肉痙攣，為治此症，他堅持練中國氣功，但效果並不明顯。最後他去醫院看醫生，被診斷為缺鈣，補鈣後症狀很快消失了。

當然，我們並不否定慢跑和練氣功的作用，但健康是由許多因素共同決定的，不針對自身的弱項而僅憑體育鍛鍊是不夠的。綜合因素的組合效應好比由幾塊木板箍成的木桶，這些木板必須等長、等質，木桶才會有最好的使用品質和最長的使用年限。若其中一塊木板短了、朽爛了，必須將壞的木板加長、加固或換板，否則就會直接影響整個木桶的壽命。

對每個人來說，也應該明白自己的「生命木桶」是由幾塊「木板」組成的，每一塊的狀態如何，有沒有需要「補短」和「換板」。只有針對自己的薄弱環節，採取有效的補救辦法，才能走出一條適合自己的養生之路。如果僅採取一兩項措施，而忽略其他方面，尤其是自身的弱項所在，就很難達到養生保健、延年益壽的目的。

第三章

原因和延伸

木桶的容量為什麼是由最短的木板決定的呢？雖然我們可以直觀地理解，但它還有很多更深層次的原因。

系統理論：容量取決於子系統之間的結構關係

子系統最優，不一定決定總系統最優；子系統薄弱，決定木桶的裝水量，影響和制約著總系統的水準；各個子系統配合得不好，也會影響著總系統的水準。系統原理是現代科學管理的首要原理，木桶定律發揮作用，一定程度上是由系統的特徵決定的。

首先，管理與世界上一切事物一樣都呈現著系統形態，又都是由相關的眾多要素透過相互聯繫、相互作用、相互制約、有機結合而構成系統集合體。沒有要素或單個要素沒有複合，則不能構成系統。

凡是系統都有屬性和功能，但系統要素不能直接形成系統屬性和功能，必須透過「結構」這個仲介來實現。結構說明系統的存在及系統、要素互相聯繫、互相作用的內在方式。而要素間的相互關聯，要素與系統的相互依存，是系統結構性的基礎。有機結合的結構產生系統屬性和功能。

在企業這個單獨的系統中，有很多因素影響企業發展，但有些因素之間是「交」的關係，即共同作用才能保證企業發展；有些因素之間可能是「或」的關係，即各因素單獨作用對企業發展都有積極作用。

因此，各個因素之間的組合關係決定了系統中各個因素的組合效果。如果這種關係只是一種鬆散型關係，那麼木桶定律就不一定發揮作用。

其次，凡是系統都有自己特定的目的，即目標，它在系統中發揮啟動、導向、激勵、聚合和衡量作用。沒有目的，各要素將是一盤散沙，系統就不能存在和運轉。每個系統只能有一個總目標，在幼稚園管理系統中即指教育目標。系統內的各部分（子系統）都要圍繞總目標統籌運動，在確定或調整子系統的具體目標時必須服從總目標。

臨界點效應：沒有完成最後一英里

爬山爬到某個高度的時候，會感到筋疲力盡，再也不想往上爬一步，但只要咬緊牙關堅持爬，過了一會你就會感到全身開始舒服起來，爬山的樂趣油然而生；跑步跑到一定的時候，也會感到筋疲力盡，但只要咬緊牙關堅持跑，過了一會你就會感到呼吸舒暢起來，兩條腿也好像自動跑了起來，繼續跑下去的勇氣會轉變成一種輕鬆的向前跑的慣性，接著再跑下去你就能跑出很遠。

水溫升到九九℃，還不是開水，其價值有限；若再添一把火，在九九℃的基礎上再升高一度，就會使水沸騰，能產生大量水蒸氣來開動機器，進而獲得巨大的經濟效益。

不管是爬山還是跑步，都像煮開水，在你達到目標前的那一刻，就是你做一件事情的臨界點，如果你堅忍不拔地堅持下去，就會越過臨界點，進入一種新的境界，並且獲得最後的成功。在最後某些環節沒有獲得突破，導致前功盡棄，是木桶定律的短板決定盛水量的一個重要原因。

美國是全球網際網路革命的先行者，但寬頻目前在居民家庭中的普及率並不高。根據統計，在韓國，近三分之二的家庭擁有寬頻接入，而且平均速度達到每秒三兆，是絕大多數美國寬頻系統的二倍左右；在日本，根據預測，有四〇%左右的家庭在二〇〇四年底也將採用寬頻上網，速度最快達到每秒十二兆。而在美國，接入寬頻的用戶只有二五%，而且寬頻網的速度也比韓國慢一半，絕大多數網際網路用戶仍在撥接上網，無法享受資訊革命帶來的成果。

造成美國在寬頻上發展緩慢的原因並不在於基礎設施不健全。其實，美國有八〇%到九〇%的人口都已經在寬頻接入的覆蓋範圍之內，只是寬頻接入卻在即將進入用戶的所謂「最後一英里」階段碰到了障礙。

受「最後一英里」障礙的限制，大量閒置的寬頻主幹網路未能接入用戶家庭。它不僅造成美國通信設施的巨大浪費，也延緩了美國的資訊化進程。在工作和事業中，想要取得成功，也需要我們有挺過臨界點的勇氣和堅持到底的耐力。

很多人在工作中十分浮躁，總覺得自己做的是小事，其實這個世界上小事做不好的人絕對不可能做出大事，能否認真地把一件事情做完，是一個人能否取得成功的重要標誌。不能跨越生命的臨界點，我們會吃盡失敗的苦頭；想要跨越生命的臨界點，我們可能需要經受很多的考驗。

瓶頸效應：最弱的決定生死

在研究各種化學物質對植物的影響以後，科學家發現，一種植物需要的某種營養物質，降低到該種植物最小需要量以下的時候，這種營養物質就會限制該種植物的生長。

在生物學中，這種營養物質的最小需要量成為限制生物成長的瓶頸。同樣，在媒介管理和大眾傳播中，媒介員工和社會大眾往往也不太受到他們基本擁有的大量營養元素或是一般資訊的限制或影響，反而容易受到那些只是微量營養元素或特殊資訊的限制或影響。

在軍事新聞傳播中，一般資訊、表象資訊、共同資訊可以滿足大眾需要時，那些有獨特新聞價值的重要的知識資訊、思想資訊，因為比較匱乏反而成為制約傳播效果的「瓶頸」。

有些人喜歡把這些限制因素產生的絕對影響稱為「瓶頸效應」，意思是瓶頸的粗細程度限制倒水時的水流量。瓶頸效應又稱約束理論，它是木桶定律發揮作用的又一個主要因素。

與此相似的還有一個「鏈條定律」：一根鏈條與它最薄弱的環節有著相同的強度，鏈條越長，就越薄弱。**鏈條環環相扣，猶如企業各部門、各工序、各環節的銜接，既相對獨立，又相互關聯，鏈條的強度取決於最薄弱的環節。**企業管理的最高境界就是走好你的每一步，做好你的每一環。

約束條件是客觀存在的，對於那些最「勒緊」的約束條件，人們一定要想辦法克服它、突破它。任何企業想要獲得持續發展，都必須在這些約束條件上獲得突破。

福特汽車公司使用「瓶頸原理」管理安排生產，英代爾公司一直以來都在使用「瓶頸原理」來控制新產品的開發進度，惠普公司正在公司內部開展「瓶頸原理」的普及和培訓。所有「瓶頸原理」的成功應用都有兩個共同的特點，一是見效快，一般一到三個月就能見效；二是效果明顯，公司效益的提高絕非一點兩點。

底洞效應：細節決定成敗

美國的酒類銷售企業最頭痛的問題是市場啟動速度太慢，於是經銷商在終端策略、廣告上花了很大的本錢，目的在於補齊短板，以吸引經銷商，並拉動終端銷售，但效果不佳。

某著名諮詢公司在進行營銷診斷後發現：企業在營銷管理方面存在許多細節問題，如對業務員、開發經銷商的激勵機制不科學，業務員的巡店制度沒有嚴格監督，終端建設表面漂亮、實效不足，與經銷商溝通沒有制度化、規範化，經銷政策沒有完全落實，所以細節的「漏水」最終導致了全局的成敗。

同樣的問題越來越多地出現在各個企業的營銷過程中。很多企業在營銷出現問題的時候，一遍遍思考營銷戰略、推廣策略哪裡出了毛病，卻忽視了對營銷細節的認真查核。導致這些問題的原因是多方面的，最根本的因素是企業營銷思路受到了局限，沒有認識到營銷細節的「短板」會決定營銷推廣的成敗。

一個木桶裝了再多的水，如果忽略了底板上的薄弱環節，水裝得再滿，也會從底洞漏掉。在管理工作中，在個人能力建設中，「底洞效應」是木桶定律發揮作用的一個主要原因。

一九九三年一月十六日，美國「哥倫比亞」號太空梭升空八十秒後發生爆炸，飛機上的七名太空人全部遇難，全世界一片震驚。美國太空總署負責太空梭的官員羅恩・迪特莫爾被迫辭職。此前，他在美國太空總署工作了十年，並且已經擔任四年的太空梭計畫主管。

事後的調查結果顯示，造成這個災難的凶手竟然是一塊脫落的隔熱瓦。「哥倫比亞」號表面覆蓋著二萬餘塊隔熱瓦。它能抵禦三千℃的高溫，以免太空梭返回大氣層時外殼被高溫所融化。一月十六日「哥倫比亞」號升空八十秒後，一塊從燃料箱上脫落的碎片擊中了飛機左翼前部的隔熱系統。太空總署的高速照相機記錄了這個過程。

應該說，太空梭的整體性能等很多技術標準都是一流的，但僅僅因為一小塊脫落的隔熱瓦就毀滅了價值連城的太空梭，還有無法用價值衡量的七條寶貴的生命。

在這裡，一個小小的細節上的錯誤，使這個結果別說是得零分，甚至得了負分也不過分。細節的重要性，在這裡得到了最充分的展現。

任何整體都是由無數個細節構成的，細節的完美是整體出眾的前提。是否關注細節桶縫的滴漏，其意義更大於對短板的關注，因為短板的顯現較為明顯，而桶縫的危害則更加隱蔽，對企業的危害也更大。

黏結效應：不可忽視的桶縫

釣過螃蟹的人或許都知道，簍子中放一群螃蟹，不必蓋上蓋子，螃蟹是爬不出來的。因為只要有一隻想往上爬，其他螃蟹便會紛紛攀附在它的身上，把它也拉下來，最後沒有一隻能夠出去。因此，華盛頓定律笑言：一個人敷衍了事，兩個人互相推諉，三個人則永無成事之日。

一只木桶能夠裝多少水取決於木板中最短的一塊，而不是最長的那塊。如果公司是一只木桶，這個理論還可以再延伸一下：**一只木桶能夠裝多少水，不僅取決於木板的長度，還取決於是否找到了木板與木板之間的最佳契合點，它們是否緊密團結成一體。**如果木板間存在縫隙，或者縫隙很大，同樣也無法裝滿水，甚至一滴水都沒有。

人與人的合作不是靜止的，它更像方向各異的能量，互相推動時自然事半功倍，相互抵觸時則一事無成。

一個優秀團隊的凝聚力和競爭力是不容忽視的，沒有一個企業希望自己的員工是一盤散沙，個個都去單打獨鬥。有很多優秀的人才固然很好，但重要的是各個部門要有良好的合作，這些優秀的人才要精誠團結凝聚成一股強大的力量，這樣才有可能獲得最大的管理效益，企業的經濟效益也才能取得長足的發展。

公司中的每一個員工儘管都很優秀，但一個公司的經營，僅僅靠某個人的能力是不會有很大發展潛力的。一個團隊的戰鬥力，不僅取決於每一位成員的積極性和做事能力，也取決於成員與成員之間的相互合作、相互配合，只有這樣才能達到均衡，企業才能緊密地結合成一個強大的整體。

僅僅拉長一只木桶的短木板還不夠，因為一個由平齊的木板箍緊的木桶，如果有漏縫，所有的木板再齊、再長也不可能裝很多的水。只有找到木板與木板之間的最佳契合點，精誠合作，緊密團結，才能創造佳績。

破窗效應：小破壞帶來大災難

美國心理學家津巴多曾經進行一項有趣的試驗：把兩輛一模一樣的汽車分別停放在兩個不同的街區。其中一輛完好無損，停放在帕羅阿爾托的中產階級社區，而另一輛，摘掉車牌、打開頂棚，停放在相對雜亂的布朗克斯街區。結果怎樣呢？

停在中產階級社區的那一輛，過了一個星期還完好無損；打開頂棚的那一輛，不到一天就被偷走了。後來，津巴多把完好無損的那輛汽車敲碎一塊玻璃，這輛車僅僅幾小時就不見了。

以這項試驗為基礎，美國政治學家威爾遜和犯罪學家凱林提出「破窗理論」：如果有人打壞了一棟建築上的一塊玻璃，又沒有及時修復，別人就可能受到某種暗示性的縱容，去打碎更多的玻璃。久而久之，這些窗戶就會給人造成一種無序的感覺，在這種麻木不仁的氣氛中，犯罪就會滋生、蔓延。

紐約市在二十世紀八〇年代的時候，真是無處不搶、無日不殺，人們在大白天走在馬路上也會害怕。紐約的地鐵更不用說了，車廂淩亂，到處塗滿了汙言穢語，坐在地鐵裡，人人自危。有位教授被人在光天化日之下，敲了一記悶棍，眼睛失明，從此結束了他的研究生涯。這一切都使得外地人對紐約談虎色變，不敢隻身去紐約。

紐約市交通警察局局長布拉頓在給《法律與政策》雜誌寫的一篇文章中談到：

地鐵無序和地鐵犯罪在二十世紀八〇年代後期開始蔓延。那些長期逃票的、違反交通規則的、無家可歸、站台上非法推銷的、牆壁上塗鴉的……所有這些加在一起，使得整個地鐵裡瀰漫著一種無序的空氣。我相信，這種無序就是不斷上升的搶劫犯罪率的一個關鍵動因。因為那些偶然性的犯罪，包括一些躁動的青少年，已經把地鐵完全看成是可以為所欲為、無法無天的場所。

布拉頓採取的措施是號召所有的員警認真推進有關「生活品質」的法律，他以「破窗理論」為師，雖然地鐵站的重大刑案不斷增加，他卻全力打擊逃票。

結果發現，每七名逃票嫌疑犯中，就有一名是通緝犯；每二十名逃票嫌疑犯中，就有一名攜帶武器。令人難以置信的是，從抓逃票開始，地鐵站的犯罪率竟然開始下降，治安大幅好轉。

一九九四年一月，布拉頓被任命為紐約市的警察局長，升為警察局長以後，布拉頓開始把這一理論推廣到紐約的每一條街道、每一個角落。他認為，這些「小奸小惡」正是暴力犯罪的引爆點。針對這些看來微小，卻有象徵意義的犯罪行動的大力整頓，已經帶來很好的效果。

「警局的最高領導居然要關心街頭那些『毛毛雨』犯罪，這在紐約市是史無前例的，甚至在整個美國絕大多數警察局也是史無前例的」，馬里蘭大學政策研究專家沙爾曼感慨地說。

但是，事實就是如此，在「破窗理論」的指導下，紐約市的治安大幅好轉，甚至成為全美大都會中，治安最好的城市之一。

想要裝滿水，
木桶所有的木板就要一樣高！

可以看出，就是因為像破窗這樣的小破壞而給社會帶來了巨大的災難。短板最終決定整個木桶的盛水量。

第四章

尋找短板

任何一個區域都有「最短的木板」，它有可能是某個人，或是某個行業，或是某件事情。一個精明的管理者應該把它迅速找出來，並抓緊做長補齊，否則它帶給你的損失可能是毀滅性的。

很多時候，往往就是因為一個環節出了問題而毀了所有的努力。

如何確定長短？

不言而喻，每個人、每個企業都有自身的弱點。對於某些人是輕而易舉的事情，對於另一些人可能是難上加難。如果這些弱點干擾了優勢的發揮，就需要想出一些策略來找到它們，並控制它們。

那麼，如何尋找短板呢？

這首先取決於我們如何界定木板的長度，判斷什麼樣的木板才是短板。對於企業來說，確定短板需要考慮以下幾個方面的因素。

首先，確定木板的長短不是與企業自己相比，而是透過與競爭對手相比來確定的。如果企業的短板與自己相比有點短（假設其他都是長板），而與競爭對手相比，卻不短，則企業的短板可以不叫短板。

一九九〇年，美國國家藥品監督管理局規定：美國將在幾年內全面使用藥用丁基橡膠瓶塞替代藥用天然膠塞。其市場需求量將為二百四十億隻／年，而當時美國的生產能力還不足十億隻／年。

因此，美國一家私營企業耗資兩千萬美元建設了一條藥用丁基橡膠瓶塞生產線。此前，它不但沒有涉足過該行業，甚至連一台生產設備都沒有見過，更提不上有技術人員了。對於這家企業來說，所有這些都可以稱得上是短板。

然而，正是由於當時的正確決策，現在這個企業的產品已經出現了嚴重供不應求的局面，眼下又在投入鉅資進行續建。目前，這個企業同樣面臨著技術、人才、地理位置等許多棘手的問題，但是到目前為止，這些問題還沒有從根本上影響企業的營利能力，企業已經從一個行業新兵發展成為行業領先者。

其次，短板需要何時加長也並不取決於本企業，而是同樣取決於競爭對手。

二十世紀二〇年代，福特公司面對供不應求的汽車市場曾高傲地宣稱：福特只生產黑色轎車！其無視市場多元化需求的霸氣和傲氣就是一個亟需加長的短板，然而，有趣的是，福特公司的這種短板並沒有從本質上影響其發展。不過，隨著競爭對手的日益強大，市場競爭的不斷加劇，福特公司早已加長了自己的這塊短板，現在他們甚至鄭重宣布：生產線上的工人有權在產品不合格時行使拉閘停產的權力。

由此看來，短板的存在具有一定的時間性和相對性，而且時間性和相對性都是針對競爭對手的同類短板或同類長板而言的，而不是針對自己的長板。

只要競爭對手的短板比你自己的短板還要短，或者，競爭對手的短板變成長板的時間比你的短板變成長板的時間還要長，那麼，你的短板就有存在的合理性，就有存在的價值，甚至就不應該稱其為短板。

世界上什麼事最難？

朋友有一次問我，世界上什麼事最難。我說賺錢最難，他搖頭。哥德巴赫猜想？他又搖頭。我說我放棄，你告訴我吧。他神秘兮兮地說是認識自己，認識自己的弱點。的確，那些富於思想的哲學家們也都這麼說。

發現自己的弱點比設法努力克服它還要難。理由繁多，因人而異。但是，所有這些理由都源於兩點：害怕發現弱點，害怕認識真實的自我。

對於許多人來說，對自身弱點的害怕壓倒了對自身優勢的信心。如果把生活比作一場紙牌遊戲，我們每人手中既有優勢牌，也有弱勢牌，但是我們大部分人認定弱勢壓倒優勢。例如，如果我們擅長推銷，但不擅謀略，我們一定會關注謀略方面的欠缺，因為我們認定，不擅謀略總有一天會壞我們的事！如果我們擅長建立良好關係，但不擅表達，我們就會報名參加演講培訓班，因為演講是成功的必要條件！

此外，每個人都害怕真實的自我，他們不想在別人面前被批駁的體無完膚，原形畢露，他們都力圖自覺不自覺地進行掩飾，使自己和別人的行為看起來合情合理，總是想盡方法為這些行為尋找合理的理由。

一旦找到足夠的原因，人們就很少繼續深究下去。而且，在尋找原因時，人們總是先找那些顯而易見的外在原因，如果外部原因足以對行為做出解釋時，人們一般就不再去尋找內部原因了。對於自身的缺點和錯誤，人們都會在他人身上尋找原因，而極少去追究自己的責任。於是每一次可以改正自己的機會，都這樣被忽略了。

對於企業來說，「短板」就更不容易被覺察了，因為企業職能的分割，使得企業內部的管理人員會對容易暴露的「短板」採取慣性的保護，企業的最高決策者不一定可以瞭解到真正的情況。

假如一個銷售副總裁或者地區銷售經理準備去下屬部門走訪，並且提前數週將這個消息告訴了下屬部門的主管人員，也許這位銷售經理覺得自己應該事先給他們打個電話通知一下。於是該下屬部門的主管們就挑選了一些喜歡該公司的客戶參加活動，最終的結果這位經理沒有從走訪活動中瞭解到任何東西就離開了。

敢於自我揭短

任何一家企業，都不可能做到盡善盡美，都或多或少地存在著某些「短處」，比如產品品質會有小問題，企業管理會存在漏洞。對於這些「短處」，有些領導者往往不屑一顧，甚至誤以「自我揭短」是丟人現眼，於是將其捂在內部，藏起來，冷處理，如此下去，「短處」勢必會掩蓋住「長處」，成為危及企業的「炸彈」，最終給企業帶來滅頂之災。

美國亨利食品公司總經理亨利・霍金士先生有一天突然從化驗報告單上發現，他們生產的食品配方中為保鮮作用的添加劑的毒性雖然不大，但長期服用卻對身體有害，倘若悄悄從配方中刪除添加劑，又會影響產品的鮮度。如果公布於眾，則會引起同行們的強烈反對。經過再三思慮，他毅然向社會宣布：防腐劑有毒，對身體有害。

亨利・霍金士先生的話一出口，所有從事食品加工的老闆便立刻召集起來，用一切手段向他反撲，指責他別有用心——打擊別人，抬高自己！他們迅速聯合起來共同抵制亨利公司產品，亨利公司一度到了瀕臨倒閉的邊緣。

這場爭論持續了整整四年！出人意料的是，亨利公司在近乎傾家蕩產時，名聲卻家喻戶曉，不但得到了政府支援，產品也成了人們放心的熱門貨！原因似乎很簡單——亨利公司是第一個坦誠為顧客著想的公司，是第一個像朋友一樣把自己的「短處」晾出來的公司！此後，亨利公司在很短的時間內便恢復了元氣，規模也擴大了兩倍，一舉登上了美國食品加工業的第一把交椅！

世界五百大的企業無疑是最為成功的，但這並不表示他們的管理就是完美無缺的，只要企業在向前不斷發展著，誰都不可能做到盡善盡美。它們或多或少地都存在著某些「短處」，一個優秀的管理者，必須善於發現自己負責管理的系統中的「短木板」，敢於揭短，善於補短，才能大大提高工作效率和經濟效益。

企業的揭短行為能激發、鞭策員工自覺地從自身做起，增加責任感，再輔之以有力的整改措施，又會使「短處」越變越小，甚至消失，使得自身在本行業中不斷進步並取得長足發展，進而在國際競爭中站穩腳跟，立於不敗之地。

短板在哪裡？

任何一個區域都有「最短的木板」，它有可能是某個人，或是某個行業，或是某件事情。作為一個精明的管理者應該把它迅速找出來，並抓緊做長補齊，否則它帶給你的損失可能是毀滅性的。很多時候，往往就是因為一個環節出了問題而毀了所有的努力。

對於個人來說，下面的弱點是人們最有可能出現的短板。因此，每個人都應該問問自己：「我是否存在著這些缺點，它嚴重嗎？」

惡習

毫無疑問，不良的習慣可以說是每個人最大的缺陷之一，因為習慣會透過一再的重複，由細線變成粗線，再變成繩索，再經過強化重複的動作，繩索又變成鏈子，最後，定型成了不可遷移的不良個性。

人類時時日日都在無意識中培養習慣，這是人的天性。因此，我們仔細想一想，我們平時正在培養哪種習慣？因為我們都受習慣潛移默化的影響，都要臣服於習慣之下，最終，習慣可為我們效力，也可拖我們的後腿。

諸如懶散的習慣、看連續劇的習慣、喝酒的習慣以及其他各式各樣的習慣，有時要束縛、控制我們大量的時間，而這些無聊的習慣佔用的時間越多，留給我們自己可利用的時間就越少。這時的不良習慣就像寄生在我們身上的病毒，慢慢地吞噬著我們的精力與生命，這時的習慣就成了一個人最大的缺陷，成了阻礙個人成功的主要因素。

有些人已經被習慣束縛，已經成為習慣的奴隸，碰到任何事情，都想把它們嵌進習慣的框框中，這樣怎麼能夠想出新奇的思路呢？怎麼能夠產生獨特的想法呢？這時的習慣就像寄生在我們大腦裡的腫瘤，阻止我們思考與創新；如果任何事都變成習慣性，漸漸地，就會失去探索和尋求更好方法的欲望，這時習慣就成了惰性的別名。

所以，習慣有時是很可怕的，習慣對人類的影響，遠遠超過大多數人的理解，人類的行為九五%是透過習慣做出的。事實上，成功者與失敗者之間惟一的差別在於他們擁有不一樣的習慣。而一個人的壞習慣越多，離成功就越遠。

犯錯

通常人們都不把犯錯看成是一種缺陷，甚至把「失敗是成功之母」當成自己的至理名言。但我覺得在以下兩種情況下犯錯是一種缺陷。

不斷地在一個問題上犯錯

如果一個人在同一個問題上接連不斷地犯錯，比如健忘，這是任何一個成功人士都不能容忍的。一個不會在失敗中吸取教訓的人，不配把「失敗是成功之母」掛在嘴邊。不管是否具備吸取教訓的意識還是能力，它都是一個人獲取成功道路上的致命缺陷。

犯錯的頻率比別人高

不管是在學習還是在工作中，某些人犯錯的頻率總是比一般人高。他們做事情總是馬虎大意、毛毛躁躁。對他們而言，把一件事做錯比把一件事做對容易得多，而且每當出現錯誤時，他們通常的反應都只是：「真是的，又錯了，真是倒楣啊。」

把犯錯歸結為倒楣是他們一向的態度，或許他們沒有責任心，做事不夠仔細認真，或許他們沒有找到做事的正確方式，但無論出於哪一點，如果他們沒有改正錯誤，這都將給他們的成功帶來巨大的障礙。

妒忌

妒忌是人類最普遍、最根深蒂固的感情之一。妒忌者希望別人遭受不幸，只要不受懲罰，有時甚至會付之於行動。但他自己也會因為妒忌而遭受到不幸，他不是從自己擁有的一切裡汲取快樂，而是從他人擁有的東西中汲取痛苦。

人在童年時代遭遇的不幸大大刺激了妒忌心的形成。我們可以明顯地看到，兒童還不滿一歲就有了這種心理，如果你對一個幼兒冷落，而對另一個幼兒表示出明顯的偏愛，那一刻就會被另一個幼兒看到，並會引起這個孩子的憎恨。只是兒童在表露自己的妒忌和猜忌情感方面，比成年人稍稍公開一些。

妒忌是最為可歎可悲的。只要有妒忌存在，那麼它對任何美德，甚至對最有用的特殊技巧的發揮都是致命傷害。如果任憑妒忌的熱情肆意氾濫，整個社會，整個世界都不會安寧。

貪婪

有一群猴子喜歡偷吃農民的大米，牠們又是一種很難捕捉的動物。多年來，人們想盡辦法，用裝有鎮靜劑的槍去射擊，或用陷阱去捕捉牠們，但都無濟於事，因為牠們的動作實在太快了。

後來，人們去請教生物學家。生物學家於是根據這種猴子的習性找到了一種捕捉猴子的巧妙方法。

他把一只窄瓶口的透明玻璃瓶固定在樹上，再放入大米。到了晚上，猴子來到樹下，就把爪子伸進瓶子去抓大米。這瓶子的妙處就在於猴子的爪子剛剛能夠伸進去，等牠抓一把大米後，由於握著拳頭，爪子卻怎麼也抽不出來，那個瓶子又繫在樹上，使牠無法拖著瓶子走。

貪婪的猴子十分頑固——或者是太笨了——始終不願意放下已經到手的大米。就這樣，第二天，生物學家把牠抓住的時候，牠依然不願放手，直到有人把那把米放入猴子嘴中。

其實，在人生的道路上，許多人往往都會與猴子犯同樣的錯誤，由於太看重眼前的利益，該放棄時不能放棄，結果鑄成大錯，甚至悔恨終生。想一想，世界上有多少人為了錢財，夫妻離異、兄弟反目；有多少人為了升官發財，朋友相殘，同事相害；又有多少人為了貪欲而被厄運的玻璃瓶捉住呢？

是什麼原因使自以為聰明的人，變得像猴子一樣愚蠢呢？每個人都可能會羅列出一大堆的理由，不過，真正的也是惟一的原因就是：貪欲的膨脹！貪欲的膨脹，使簡單變得複雜，輕鬆變得沉重，最後越陷越深地困在無法自拔的泥沼中。

如果一個人總是在欲望的世界裡徜徉徘徊，他絕對不是自己的主人，距離奴隸狀況也只有一步之遙。這些人可能既沒有高尚的品格，也不會實施任何善行。一個一心只想著貪欲而意識不到高尚力量的人，即使腰纏萬貫，也始終只能是一個非常可憐的生物。

人類其實是很聰明的，但是在面對利益誘惑時又往往是不理性的。人有時太貪婪，所以毀了大好前程；有時明知是圈套，卻因為抵禦不住誘惑而落入陷阱。很多時候他們不是敗給自己的聰明，而是敗給自己的貪欲。

因此，人僅有聰明是不夠的，還需要用理智駕馭自己的貪欲，在面臨危機時要果斷地鬆開抓著「大米」的手。其實，如果我們能夠放棄眼前的私利，一定會認清那些潛在的危險。

自卑

自卑，可以說是一種性格上的缺陷。表現為對自己的能力、個性評價過低，同時可伴有一些特殊的情緒表現，諸如害羞、不安、內疚、憂鬱、失望等。

經常遭受失敗和挫折，是產生自卑心理的根本原因。一個人經常遭到失敗和挫折，其自信心就會日益減弱，自卑感就會日益嚴重。自卑的產生會抹殺掉一個人的自信心，本來有足夠的能力去完成學業或工作任務，卻因懷疑自己而失敗，顯得處處不行，處處不如別人。由於自卑的情緒影響到了生活和工作，所以給人的心理、生活帶來的不良影響亦很大。

憂慮

卡瑞爾是一個很聰明的工程師，他開創了空氣調節器的製造業，現在是紐約州瑞西世界聞名的卡瑞爾分公司的負責人。

年輕的時候卡瑞爾在紐約州牛城的水牛鋼鐵公司做事。他必須到密蘇里州水晶城的匹茲堡玻璃公司——一座花費好幾百萬美金建造的工廠，去安裝一架瓦斯清潔機，目的是消除瓦斯裡的雜質，以便瓦斯燃燒時不至於損傷到引擎。這種清潔瓦斯的方法是新方法，以前只試過一次。他到密蘇里州水晶城工作的時候，很多事先沒有想到的困難都發生了。經過一番調整之後，機器可以使用了，可是成績並不能好到他所保證的程度。

卡瑞爾對自己的失敗非常吃驚，覺得好像是有人在他頭上重重地打了一拳。他的胃和整個肚子都開始湧動起來。有好一陣子，他擔憂得簡直沒有辦法睡覺。

最後，他覺得憂慮並不能夠解決問題，憂慮的最大壞處，就是會毀了我們集中精神的能力。在我們憂慮的時候，我們的思想會到處亂竄，而喪失對所有事情做決定的能力。當然，萬幸的是他最終走出了憂慮，不然也不會有他如日中天的現在。

懶惰

在我們的現實生活中，多數人天生是懶惰的，都盡可能逃避工作。他們大部分沒有雄心壯志和負責精神，寧可期望別人來領導和指揮，也不肯個人奮鬥，就算有一部分人有著宏大的目標，也缺乏執行的勇氣。

懶惰會吞噬人的心靈，使自己對那些勤奮之人充滿了嫉妒。懈怠會引起無聊，無聊也會導致懶散。許多人都抱著一種想法：我的老闆太苛刻了，根本不值得如此勤奮地為他工作。然而，他們忽略了一個道理：**工作時虛度光陰會傷害你的老闆，但傷害更深的是你自己。一些人花費很多精力來逃避工作，卻不願花相同的精力努力完成工作。他們以為自己騙得過老闆，其實他們愚弄的最終卻是自己。**

對一位渴望成功的人來說，拖延最具破壞性，也是最危險的惡習，它使人喪失進取心。一旦開始遇事推拖，就很容易再次拖延，直到變成一種根深蒂固的習慣。習慣性的拖延者通常也是製造藉口與托辭的專家。如果你存心拖延逃避，你就能找出成千上萬個理由來辯解為什麼事情無法完成，而對事情應該完成的理由卻想得少之又少。把「事情太困難、太昂貴、太花時間」等種種理由合理化，要比相信「只要我們更努力、更聰明、信心更強，就能完成任何事」的念頭容易得多。

馬虎

一位偉人曾經說過：「輕率和疏忽造成的禍患，超乎人們的想像。」許多人之所以失敗，往往因為他們馬虎大意、魯莽輕率。

在賓州的一個小鎮上，曾經因為築堤工程品質要求不嚴格，石基建設和設計不符，結果導致許多居民死於非命——堤岸潰決，全鎮都被淹沒。建築時小小的誤差，可以使整幢建築物倒塌；不經意拋在地上的煙蒂，可以使整幢房屋甚至整個村莊化為灰燼。

在公司中，許多員工做事不夠精益求精，只求差不多。儘管從表面上看來，他們也很努力、很敬業，但結果總無法令人滿意。那些需要眾多人手的企業經營者，有時候會因為員工無法或不願意專心去做一件事而很無奈。

漠不關心，馬馬虎虎的做事態度似乎已經變成習慣，除非苦口婆心、威逼利誘，否則他們很難一絲不苟地把事情做好。

SWOT分析

「SWOT」分析法，是一種很實用的找到自我價值的工具。「SWOT」實際上是四個英文單字「Strengths」（長處）、「Weaknesses」（短處）、「Opportunities」（機會）、「Threats」（威脅）第一個字母的縮寫。

明確自身優勢

首先是明確自己能力的大小，給自己打打分，看看自己的優勢和劣勢，這就需要進行自我分析。透過對自己的分析，找到自身的優勢。

要找到自己最成功的是什麼。你做過很多事情，但最成功的是什麼？為何成功的，是偶然還是必然？是否自己能力所為？透過對最成功事例的分析，可以發現自我優越的一面，譬如堅強、果斷、智慧超群，以此作為個人深層次挖掘的動力之源和魅力所在。

發現自己的不足

人無法避免與生俱來的弱點，必須正視，並且儘量減少其對自己的影響。譬如，一個獨立性強的人會很難與他人默契合作。而一個優柔寡斷的人絕對難以擔當組織管理者的重任。**卡內基曾經說：「人性的弱點不可怕，關鍵要有正確的認識，認真對待，儘量尋找彌補、克服的方法，使自我趨於完善。」**

因此，你應該注意安下心來，多跟別人好好聊聊，尤其是與自己相熟的如父母、同學、朋友等交談。時常檢查一下自己的缺點，看看別人眼中的你是什麼樣子，與你的預想是否一致，找出其中的偏差，這將有助於自我提昇。比如，自己是不是還是那麼對人冷漠，或者還是那麼言辭犀利。這些缺點在單兵作戰時，可能還能被人忍受，但在團隊合作中，它將會成為你進一步成長的障礙。

檢查經驗與經歷中所欠缺的方面。「金無足赤，人無完人」，由於自我經歷的不同，環境的局限，每個人都無法避免一些經驗上的欠缺。有欠缺不可怕，怕的是自己還沒有認識到或認識到而一味地不懂裝懂。正確的態度是：認真對待，善於發現，並且努力克服和提昇。

如果你意識到自己的缺點，不妨就在某次討論中，將它坦誠地講出來，承認自己的缺點，讓大家共同幫助你改進，這是最有效的方法。承認自己的缺點可能會讓你感到尷尬，但你不必擔心別人的嘲笑，你只會得到他們的理解和幫助。

尋找機會，規避危機

「機會」與「威脅」要求人們更加關注外部環境可能帶來的影響。畢竟「像企業一樣經營自我」、「將自身看作是一種產品」、「尋找自己的賣點」，這一切的一切都離不開市場。只有找到你的優勢與市場潛在機會之間的契合點，規避掉可能會對你發展產生不利的潛在市場威脅，你才能得到更好的發展。

需要強調的一點是，這裡所說的「機會」和「威脅」不一定是那些非常宏觀層面的東西，而是一些很具體的內容。比如說你現在在一家小公司工作，你就可以用這種二分法分析：小公司帶來的「機會」可能包括學習機會更多、工作氣氛更融洽、發展空間更大、與老闆私交更好。

透過這種分析，你可能會對自己及自身工作的現狀有更深的瞭解，這對你尋找缺點，克服短板將大有裨益。

傾聽下屬的聲音

美國芝加哥市郊外的霍桑工廠是一個製造電話交換機的工廠，具有較完善的娛樂設施、醫療制度和養老金制度等，但工人們仍憤憤不平，生產狀況也很不理想。

為了探求原因，一九八四年十一月，美國國家研究委員會組織一個由心理學家等多方面專家參與的研究小組，在該工廠開展一系列試驗研究。這一系列試驗研究的中心課題是生產效率與工作的物質條件之間的相互關係。

這一系列試驗研究中有個「談話試驗」，即用兩年多的時間，專家們找工人個別談話兩萬餘人次，並規定在談話過程中，必須耐心傾聽工人對廠方的各種意見和不滿，並做詳細記錄；對工人的不滿意見不准反駁和訓斥。沒想到，這一「談話試驗」收到了意想不到的效果：霍桑工廠的產量大幅度提高。

密西根大學社會研究院的研究員也發現，凡是公司中有對工作發牢騷的人，這家公司一定比沒有這種人或把牢騷埋在肚子裡的人的公司成功得多。

為什麼會出現這種現象呢？

道理其實很簡單，牢騷源於不滿，把不滿發洩出來，就可以讓管理者發現經營中存在的種種問題，進而著手解決，事業自然就會成功得多。

一般來說，人們都喜歡聽好話，對於批評是不容易接受的，所以有些部屬為了討好上司，往往只講好話，領導者因此很難聽到部屬的真正意見。對於這樣的企業來說，表面上歌舞昇平，實則暗藏風險。實際上，挑剔、發牢騷是關心企業的表現，如果一個人對什麼都不在乎了，他也就不會挑剔和發牢騷了。

如果一個企業對員工的建議和觀點不加理睬，甚至傲慢輕視，不僅會造成管理者決策上的失誤，而且還會嚴重挫傷員工積極性，降低員工的工作熱情。長此以往，就有可能使企業這根鏈條上剛剛產生硬度的環節再次疲軟。

只有努力發現問題才是解決問題的第一步，沒有這可貴的一步，就談不上問題的解決和企業的進步。在企業裡，只有敢於讓員工向領導者挑戰、闡明個人觀點的精神，才能造就一支超強的工作團隊。

一個經營者如果不明白自己什麼地方不對，什麼地方需要改進，就應該鼓勵部屬對自己，對企業提出批評，並坦然地接受部屬的意見，積極改正，這才是一位領導者所應具備的基本素質。因此，一個聰明的管理者應善於從挑剔和牢騷中「挖寶」，以便發現對企業發展的真知灼見。

批評和自我批評

反思越深刻，發現自己身上的問題就越多，改正就有了明確的方向。自省是一個人的優良品格，透過自省，可使性格更趨於完善，更趨於穩定，這是一個智者尋找弱點、修養自己的必經之路。

有一次，原一平去拜訪一家名叫「村雲別院」的寺廟。

「請問有人在嗎？」

「哪一位啊？」

「我是明治保險公司的原一平。」

原一平被帶進廟內，與寺廟的主持吉田和尚相對而坐。

老和尚一言不發，很有耐心地聽原一平把話說完。

然後，他心平氣和地說：「聽完你的介紹之後，絲毫引不起我投保的意願。」

停頓了一下，他用慈祥的雙眼注視著原一平很久很久。

他接著說：「人與人之間，像這樣相對而坐的時候，一定要具備一種強烈的吸引對方的魅力，如果你做不到這點，將來就沒什麼前途可言了。」原一平剛開始並不明白這話中的含義，後來逐漸體會出其中的含義，只覺傲氣全失，冷汗直流，呆呆地望著吉田和尚。

老和尚又說：「年輕人，先努力去改造自己吧！」

「改造自己？」

「是的，你知不知道自己是一個什麼樣的人呢？要改造自己首先必須認識自己。」

「認識自己？」

「是的，赤裸裸地注視自己，毫無保留地徹底反省，然後才能認識自己。」

「請問我要怎麼去做呢？」

「就從你的投保戶開始，誠懇地去請教他們，請他們幫助你認識自己。我看你有慧根，倘若照我的話去做，他日必有所成。」

吉田和尚的一席話，就像黑夜中的一盞明燈，為原一平指明了道路。

人連自己都不認識了，怎麼去說服他人呢！要做就從改造自己開始做起。每個人最大的敵人都是他自己。人們經常不能發覺自己的缺點，一味地自我膨脹，到頭來只會自欺欺人。

人們失敗的最主要原因就在於不能改造自己，認識自己。原一平聽了吉田和尚的提醒後，決定作一個徹底的反省。他舉辦原一平批評會，每月舉行一次，每次邀請五個客戶，向他們徵求意見。

第一次批評會就使原一平原形畢露：

你的脾氣太暴躁，常常沉不住氣。

你經常粗心大意。

你太固執，常自以為是，這樣容易失敗，應該多聽別人的意見。

你太容易答應別人的託付，「輕諾者必寡信。」

你的生活常識不夠豐富，所以必須加強進修。

原一平記下別人的批評意見，隨時提醒自己，努力改進。

從一九三一年到一九三七年，「原一平批評會」連續舉辦了六年。

原一平覺得最大的收穫是：把暴躁的脾氣與永不服輸的好勝心理，引導到了一個正確的方向——發揮自己的長處，並把自己的缺點變成優點。

原一平曾為自己矮小的身材懊惱不已，但身材矮小是無法改變的事實。後來想通了，克服矮小最好的方法，就是坦然地面對它，讓它自然地顯現出來，後來，身材矮小反而變成了他的特色。

原一平早就意識到他自己最大的敵人不是別人，正是他自己，所以原一平不會與別人比，而是與自己比。每天透過接受批評和自我批評，原一平不斷挖掘自己的缺點，又不斷改正自己的缺點和弱點。

借用外腦

很多時候，由於當局者迷，人們往往很難發現自己的缺點和不足。對於企業也是一樣，企業的經營者也很難發現企業中存在的問題。這時，最好的方法就是借用外腦。

借用外腦診斷，其優點是客觀公正，正所謂「旁觀者清」，此外，專業性的獨特視角也是人們邀請外腦（諮詢機構）進行診斷的主要原因。

第二次世界大戰以後，美國政府與議員面臨前所未有的複雜格局與經濟困境，決策、議案常常被社會公眾所關注和批評。這促使他們向社會諮詢方案，購買各種建議。與此對應，「智庫」便順應市場需求而產生了，其基本特徵，一是擁有一個綜合性的專家群體及進行深入分析研究的資訊平台；二是服務對象的社會性和市場化。

在西方的發達國家，「智庫」在經濟發展中的作用非常明顯。對於半個世紀來一直高踞全球十大「智庫」之首的蘭德公司，美國《商業週刊》曾經做出這樣的評論：「美國商業成就的背後閃耀著蘭德智慧的榮光。」這一評論既是對蘭德公司所獲業績的褒揚，也顯示美國社會經濟的發展對於「智庫」的倚重程度。

世界範圍「智庫」的興起是在第二次世界大戰與冷戰時期。以美國來說，第二次世界大戰中，美國政府動員大量的學院知識份子參與軍事與政治研究，當時被稱為一元教授，即政府只給象徵性的一元年薪。

由於研究結果能在實戰中檢驗，知識份子能力的高下迅速得到了回饋。例如著名的蘭德公司，以研究美國空軍各種武器效率與戰爭戰略的效果良好而受到當局的重視。戰後，這批知識份子帶著這種研究性質的「實戰經驗」加入公司或成立獨立的諮詢公司。

對一個經營者來說，一方面或許對組織的任何事情（包括錯誤）都已經習慣，另一方面，他們只能關注像戰略決策這樣的大問題，這些都迫使他們很難去關注細節，尋找不足。

所以，與美國政府類似，腰纏萬貫、在市場環境裡橫刀立馬的企業家和老闆，也要

長板與短板理論

善於藉助外界的力量，在某些方面得到外腦（諮詢人）的專業幫助，打破內部的部門壁壘，正確識別企業的「短板」所在，甚至要以諮詢人為師，請教諮詢人。只有這樣，才能找到彌補和提升企業短板的正確方法，彌補各方面的漏洞。

自我診斷

面對錯綜複雜的經營環境，針對企業本身的病症弱點，自我診斷也是所有企業找短的一種重要方法。

從本質上說，企業的管理過程就是企業糾錯的過程。早在二十世紀八〇年代，美國的企業就對自我診斷、無差錯管理情有獨衷，它們在改善企業經營，提高經濟效益上的作用都十分明顯。

企業不斷超越現狀需要有問題意識。沒有問題意識，我們就找不到企業的弱點和風險所在，長期發展更無從談起。一個人重視健康就會重視自身保養，一台精密的機器常需要維護，所以公司的診斷應該是企業管理的一項常規任務。

公司自我診斷不僅具有自發性質，而且還應具有持續的特點。在這個意義上，自我診斷功能是任何諮詢公司不能替代的。當然公司自我診斷存在的最大問題是「燈下黑」，也即所謂「不識廬山真面目，只緣生在此山中。」這種現象我們稱之為「資訊盲點」。但公司的經營管理是一個動態的過程，公司管理者如果知道如何自我診斷，可能對公司的發展更為有效。

企業猶如人體，必然會有生、老、病、死的現象。人死不能複生，可是企業只要維持經營的青春活力，就能反敗為勝，甚至起死回生。國外已有很多企業利用「ＣＭＣＰ」經營診斷系統，只需九十分鐘就可進行自我診斷並制定具有可操作性的對策。「ＣＭＣＰ」是「Creative Management Consulting Program」的簡稱，是一種獨創性的管理顧問規劃技巧。它透過檢測經營機能，進行自我診斷，並且針對企業本身的病症施予矯正補強的藥方，進而增強企業的經營體質。

企業進行自我經營診斷時，必須留意企業本身是否有下列的缺點：

一、企業的營運策略及經營方針不明確，而且營運策略未能有效傳達至公司全體員工。

二、是否明確表達公司的經營戰略、管理戰術及行動綱領。

三、企業內組織架構、系統運作以及溝通協調管道錯綜複雜，權責劃分不清。

系統思考

從前有一位地毯商人，看到他最美麗的地毯中央隆起了一塊，便把它弄平了。但是在不遠處，地毯又隆起了一塊，他再把隆起的地方弄平。不一會兒，在一個新地方又再次隆起了一塊，如此一而再、再而三的，他總是試圖弄平地毯，直到最後他拉起地毯的一角，一條生氣的蛇溜出去為止。

過路人看到一位醉漢在路燈下，跪在地上用手摸索。原來醉漢正在找自己房屋的鑰匙，便想幫助他，問道：「你在什麼地方丟掉的呢？」醉漢回答是在他房子的大門前掉的。過路人問：「那你為什麼在路燈下找？」醉漢說：「因為我家門前沒有燈。」

素來銷售領先的公司，可能發現隨後某一季的銷售銳減；有些城市的政府官員查獲大宗毒品走私後，卻爆發更多與毒品有關的犯罪活動。

對於管理者來說，同樣的現象也一再的發生。如果生產線發生問題，我們在生產方面找尋原因；如果銷售人員不能達成目標，我們會認為需要以新的銷售誘因或升遷來激勵他們；如果房子不夠，我們會建造更多的房屋。

為什麼在上述事例中，我們找不到問題的答案，發現不了事物的癥結，尋找不到木桶的短板呢？

這是因為，在複雜的系統中，事實真相與我們習慣的思考方式之間，有一個根本的差距。縮短這個差距的第一步，就是要進行系統性的思考。

系統本質上是處於一定環境中的，相互發生關係的各組成部分的總體。系統思考的管理觀念是指管理主體自覺地運用系統理論和系統方法，對管理要素、管理組織、管理過程進行系統分析，旨在優化管理的整體功能，進而取得較好的管理效果。

系統思考的層次主要有以下三個：

第一，事件層次上的思考。這個層次的思考往往是局限思考，常導致專注於個別的條件，而採取反應式的行為，或歸罪於外部因素等。

第二，行為變化層次的思考。能順應變化中的趨勢，但容易造成學習障礙，如：從經驗中學習，或學而不做等。

第三，系統結構層次的思考。能改造行為的變化形態，超越了事件層次和行為層次的局限，專注於解釋是什麼造成行為的變化。例如：對於製造和銷售為一體的企業，系統結構層次的觀點必須顯示發出的定單、出貨、庫存的變動，從中尋找存貨不穩定的解決方案。

系統思考為組織提供了一個健全的「大腦」、一種完善的思維方式，個人學習、團體學習、檢視心智模式、建立願望，都是因為有了系統思考的存在，進而關聯在一起，成為整個健全大腦不可缺少的部分。因此，系統思考是發現問題，尋找短板的一種有效方式。

—第五章—

除去短板

有些缺陷和不足一般來自於系統內部的損壞，而且造成缺陷的因素很早就已存在，是長時間形成的。所以，這種缺陷和不足比較難以挽回，並且在短時間內難以得到根本性的改善。對於這種缺陷，最好的方法就是進行除短。

不可修補的木板

一九九三年，喬・圖斯從優力系統公司來到王安電腦公司，開始為這家曾經輝煌一時的企業收拾殘局。面對殘局，通曉法律的喬・圖斯首先向美國聯邦法院申請破產保護，並且利用美國破產保護法第十一章，在各方債權人之間周旋，為王安的復興爭取到時間和資源。

同時，他領導公司從大型電腦製造商向網路技術服務公司轉型，為客戶提供解決方案，使王安電腦公司率先觸及網路「ＩＴ」業務。圖斯認為，當時的王安電腦公司如果繼續做小型電腦製造商，根本就沒有生存下去的可能，而資金和相關技術的缺乏，又使它無法進入競爭激烈的「個人電腦」製造領域；充分發揮企業原有的服務優勢向「個人電腦」用戶和使用「個人電腦」網路的用戶提供服務，才可能是企業起死回生的契機。

為此，喬・圖斯把王安公司絕大部分的老業務部門低價拋售（其高潮是一九九四年把整個軟體部門出售給柯達公司）；從一九九五年到一九九九年，喬・圖斯連續併購了十家公司，其中以三・九億美元收購義大利「Olivetti」電腦公司資訊技術分部最為得意，它使王安電腦公司成了一個全球性的資訊業服務提供企業，公司也因此改稱為「王安全球」。

即使進行了一連串的收購行動，最終也沒能拯救王安公司。一九九九年七月，王安公司被荷蘭阿姆斯特丹著名的「ＩＴ」服務企業「Getronics NV」公司收購。

美國某農用柴油機公司一直以良好的產品品質著稱，企業上下也一直引以為豪，但是近年來由於行業競爭壓力大，企業專心於市場建設而忽視了對生產現場的管理，同時又忽視了對採購體系的控制，造成企業產品品質逐漸滑落。

二〇〇三年春季的銷售旺季，客戶投訴率開始大幅上升，市場信譽度嚴重下降，在下半年八月開始的銷售旺季中，因為品質問題造成的市場負面影響已經嚴重地影響產品的銷售，品質危機大規模爆發。這時，雖然企業領導者進行一系列的彌補行動，但市場已經不再認可，企業只能面臨停產的境地。

為什麼喬・圖斯挽救不了王安電腦，柴油機公司不能起死回生呢？表面上是的決策失誤和品質危機，實際上是企業整個決策和品質控制系統逐漸失效，危機不過是這種漸進過程的集中爆發，它實際上是一種結構性危機。

結構性危機一般來自於內部系統的損壞，造成危機的因素很早就在企業中存在，一般都是企業的某項管理功能的實質性失效。

一般來說，結構性危機比較難以挽回，因為結構性缺陷是長時間形成的，在短時間內難以得到根本改善，就像「亡羊補牢」的故事中丟失的羊一樣很難找回。這時，進行除短，讓企業被收購、重組和破產或許就是最好的選擇。

減少組織的層次

一根鏈條與它最薄弱的環節有相同的強度，鏈條越長，就越薄弱。**對於企業來說，提高鏈條強度有兩種方法：一是提高每節鏈條的強度，二是減少鏈條的長度。**

在企業經營中，管理者在注重人員管理，提高鏈條強度的同時，也應該洞察企業的各個機構是否臃腫，減少組織中過多的環節。一旦發現機構臃腫，應該及時減肥，否則就像一個患肥胖症的人參加長跑一樣，沒跑幾步便會累得氣喘呼呼。

以一個企業來說，如果有兩、三個部門人員過多，勢必造成工作散漫、相互推諉的結果，業績自然也就無從談起。《財富》雜誌曾對四三一家公司進行經營組織階層的調查，其結果是：在不滿三百人的公司中，組織階層最多的有九個階層；三百人至一千人的有十四個階層；一千人至五千人的有十一個階層；五千人以上的大公司有十個階層，幾乎每家公司的組織階層都很多。

階層增多的原因，主要是因為很多公司實施所謂的「嚴密管理」。由於每個人承擔的工作幅度變得非常狹小，這必然導致階層的增加。同時給有功人員安排職位，也會增加組織的階層。

傳統的經營理論認為，無論公司大小，都無須設置六個以上的階層。但是，這種情況最近已經完全改變，由於目標管理的導入，電腦的發達與管理技術的開發，直接管理過多的下屬已經不成問題。因此，以前的「管理幅度原則」已經落伍了。

美國西亞斯・羅巴克百貨公司率先認識到這種新型管理模式的方便與實用，於是在眾多連鎖銷售商店選擇了一五八～一七八號分店進行實驗。在選擇的二十家公司中，前十家採用扁平式的組織管理模式，後十家採用階層式的組織管理模式。

最終結果顯示，在實施扁平式管理的分店中，時間延遲的情況較為少見，任何事情的處理速度都大大提高了，所以他們各方面的表現都要優於階層式的組織管理。

清除酒中的汙水

如果把一杯汙水倒入一桶酒中，得到的是一桶汙水；如果把一杯酒倒入一桶汙水中得到的也是一桶汙水。

對於企業來說，最大的「短板」莫過有幾個極具破壞力的員工，只有把這些人徹底地從企業中清除出去，才能大大提高組織的工作效率和經濟效益。

在任何組織裡，都不可避免地存在著幾個難弄的人物，他們存在的目的似乎就是為了把事情搞糟。最糟糕的是，他們就像蘋果箱裡的爛蘋果，如果你不及時處理，它就會迅速傳染，把蘋果箱裡的其他蘋果也弄爛。

「汙水」和「爛蘋果」的可怕之處在於它們驚人的破壞力。一個正直能幹的人進入一個混亂的部門可能會被吞沒，一個無德無才者可以很快把一個高效的部門變成一盤散

沙。組織系統往往是脆弱的，是建立在相互理解、妥協和容忍的基礎上的，它很容易被侵害、被毒化。

破壞者能力非凡的另一個重要原因在於，破壞總比建設容易。一個能工巧匠花費時日精心製作的瓷器，一頭驢子一秒鐘就能毀壞掉。如果一個組織裡有這樣的一頭驢子，即使企業擁有再多的能工巧匠，也不會有多少像樣的工作成果。

如果你的組織裡有這樣一頭驢子，你應該馬上把它清除掉；如果你無力這樣做，就應該把牠拴起來。

丹尼斯・羅德曼是一個籃球運動員，在他的職業生涯中，他先後效力過五支球隊——底特律活塞隊、聖安東尼奧馬刺隊、芝加哥公牛隊、洛杉磯湖人隊和達拉斯小牛隊。除了在湖人隊和小牛隊羅德曼是混飯吃之外，在前三支球隊，羅德曼都有足夠的能力「不辱使命」。

一九八六～一九九三年，羅德曼在底特律活塞隊度過了七個賽季：雖然在蘭比爾等人的教導下，他打球不夠光明磊落，並且為自己贏得了「壞孩子」的稱號，但他盡自己最大的能力為球隊做出了貢獻，所以底特律活塞隊時期的羅德曼，是球隊團結穩定、積極向上的一個因素。然而，在一九九三年，羅德曼轉會到馬刺隊的時候，事情發生了變化：雖然羅德曼的到來使球隊變得更加強大，但他的特立獨行、惟我獨尊讓馬刺隊吃盡了苦頭。

他最「不恥」三類人，或者說他把三類人看成自己的敵人：首先是大衛・史騰——「ＮＢＡ」的總裁。因為史騰要維護「ＮＢＡ」的形象，不允許羅德曼為所欲為，對羅德曼的很多行為都會給以處罰。這讓羅德曼很不高興，他認為史騰干涉了他的自由，所以他就要和他對抗。

第二類人是馬刺隊當時的主教練希爾，以及對球隊比手畫腳的球隊總經理波波維奇。因為，他們希望馴服羅德曼，使羅德曼聽從指揮，在球場上更大地發揮作用。但當時的羅德曼已經獲得了兩個總冠軍，自視極高，他甚至希望教練聽從他的指揮，這種矛盾便不可調和了。

第三類人是大衛・羅賓遜等球員。羅賓遜是馬刺隊的絕對核心和精神領袖，薪水比羅德曼高很多。但羅德曼認為羅賓遜是高薪低能，在關鍵比賽中總會「手軟」。反而是自己這種能「左右」比賽勝負的選手不受重用，賺的錢還很少。事實上，羅德曼無論在活塞隊，還是在馬刺隊，以及在公牛隊，他賺得錢都不和他的名聲成正比。

在這種思想指導下，羅德曼成為球隊中的不穩定份子，也可以說是一個破壞者。在一九九四～一九九五賽季季後賽的第二輪比賽中，馬刺隊對陣湖人隊的第三場比賽中，羅德曼在第二節被換下場，當時他很不滿，在場邊脫掉球鞋，躺在記者席旁邊的球場底線前。暫停的時候，羅德曼也不站起來，不到教練面前聽講戰術。後來，馬刺隊輸掉了那場比賽。

當時，攝影機一直對著羅德曼。球賽節目播出後，馬刺隊的管理階層大為光火，聯想到羅德曼平時的所作所為，他們認為羅德曼已經嚴重影響球隊的團結，於是決定對羅德曼禁賽。在隨後的比賽中，馬刺隊團結一致，將湖人隊淘汰出局。

對於團隊中的破壞者，最英明的決策就是將他清除出去，或者限制他的行動。

從結果來看，馬刺隊對羅德曼禁賽的決策是正確的。一個球隊也是一個團隊，不能因為員工在某個方面突出就可以忽視整個團隊的利益，也不能因為他的懈怠而阻礙團隊前進的步伐。

不容忍平庸之輩

遷就平庸，已經是我們多年來的美德。一個演員的戲很蹩腳，我們會說「她（他）很努力」；一個畫家的作品很拙劣，我們會說「他孜孜不倦」；一個詩人詩歌寫得差，我們會說「他是個不錯的詩人」；一個運動員比賽成績很不像話，我們會說「他（她）已經盡力了」。

同樣，如果一個下屬沒有完成自己的任務，我們也會輕易地相信他的一大堆理由。每個人都有分內該做的工作領域和責任，該是誰負責的，就必須由其承擔。當你弄清了下屬拖延的原因，就應該盡快處理，進而避免對下屬過分的縱容。

前美國國務卿季辛吉，就以他能在非常繁忙的情況下，仍然堅持把計畫書做到最好而聞名。一位助理呈遞一份計畫書給他的數天之後，該助理問他對其計畫的意見。季辛吉和善地問道：「這是不是你所能做的最佳計畫？」

「嗯……」助理猶疑地回答，「我相信再做一些改進，一定會更好。」

季辛吉立刻把那個計畫退還給他。

努力了兩週之後，助理又呈上了改良後的計畫。幾天後，季辛吉請該助理到他辦公室去。「這的確是你所能建議的最好計畫了嗎？」助理後退了一步，吶吶地說：「也許還有一兩點可以再改進一下……也許需要再多說明一下……」

助理隨後走出了辦公室，肋下挾著那份計畫書，下定決心要研擬出一份任何人──包括亨利・季辛吉都必須承認是「完美的」一份計畫。

這位助理日夜工作三週，甚至有時候就睡在辦公室裡，終於完稿了！他很得意地，跨開大步走入季辛吉的辦公室，將該計畫呈交給國務卿。

當他聽到那熟悉的問題「這的確是你能做到的最完美的計畫了嗎」時，他激奮地說，「是的，國務卿先生」。

「很好」季辛吉說，「這樣的話，我有必要好好地讀一讀了！」

對有效的管理者來說，「不是最好」的計畫，就可以不讀它。樹立起組織的精神：只有最好、最完善的，才是被期望與接受的，一個人或者一個團隊只有好的工作計畫才能逐步靠近自己的人生目標。

傑出者有傑出者的人生計畫，平庸者當然有繼續平庸的權利，但平庸者的聲音永遠不會成為主流。一個企業、一個團隊難免會出現一兩個不思進取的員工，怎樣處理和解決員工這種不良狀態？管理者既不能盲目地把這些人剔除出局，也不能一味地遷就平庸，因為遷就平庸企業將註定走向衰落，這是每個企業管理者面臨的問題。

改變事物的用途

美國柯達公司在製造感光材料時，需要有人在暗室工作。但視力正常的人一進入暗室，猶如司機駕駛著失控的車輛一樣不知所措。

針對這種情況，有人建議：盲人已習慣於在黑暗中生活，如果讓盲人來做這種工作，定能提高工作效率。於是，柯達公司下令：將暗室的工作人員全部換成盲人，結果不僅提高了勞動生產效率，而且給公眾留下了不拘一格「重用人才」的好印象。

柯達公司巧用盲人的措施，給了那些急於「除短」的用人者重要啟示。只要改變事物的用途，也許你就會發現，人們所謂的缺點其實不重要，關鍵是要做到人盡其才。

在古代的猶太人中，流傳著一個故事：一個猶太人有五個兒子，老大老實，老二機靈，老三瞎眼，老四駝背，老五跛足。這一家真夠淒慘的。但這個猶太人卻很懂得用人之道，他讓老實者務農，機靈者經商，眼瞎者按摩，背駝者搓繩，足跛者紡線。結果全家衣食無憂，其樂融融。

這個故事後來還有一個翻版：在十九世紀，西班牙有位將軍叫肯尼布瓦，他認為軍營中沒有無用之人。聾子，可以安排在左右當侍衛，以避免洩露重要軍事機密；啞巴，可以派他傳遞密信，一旦被敵人抓住，除了搜去密信之外，再也問不出更多的東西；瘸子，命令他去守護炮台，堅守陣地，他很難棄陣逃跑；瞎子，聽覺特別好，命他戰前伏地竊聽敵軍的動靜，擔負偵察任務。

揚長避短，用人所長，這一點很好理解，也容易做到。想要做到短中見長，善用人短，卻不那麼容易。事實上，人的長處和短處都是相對的，不是絕對的。對任何一個人來說，沒有絕對的長處，也沒有絕對的短處，長處和短處可以相互轉化，此時表現為長處，彼時可能又表現為短處，因此，一個人的長處往往同時也是他的短處，反之亦然。

比方說，某人性格倔強，固執己見，但他同時必然頗有主見，不會隨波逐流，輕易附和別人意見；某人辦事緩慢，手裡不出活，但他同時往往辦事踏實細緻，有條不紊；

某人性格內向、木訥，不善言談，但他同時可能寫得一手好字或錦繡文章；某人性格火爆，三句話談不攏就大發雷霆，但他可能辦事果斷，工作很有魄力，處理棘手問題很是拿手，「快刀斬亂麻」；有人性格不合群，經常我行我素，但他同時可能有諸多發明創造，甚至碩果累累。

肯尼布瓦的用人之道雖然有點誇張，但卻詮釋了一個道理：任何人的短處之中，肯定蘊藏著可用的長處。善用物者無棄物，善用人者無廢人，只要適當改變事物的用途，就能化短為長，短板也就會自然消失。

避免進入某些領域

一般來說，人們更傾向於喜歡自己有獨特天賦的事業，做自己有天賦的事情會讓你獲得十足的成就感。如果一個人覺得在某些方面沒有潛力，所做的工作沒有意義、不值得去做，往往會保持冷嘲熱諷，敷衍了事的態度。這不僅使得成功的機率很小，就算成功，也不會覺得有多大的成就感。因此，對一個對某些行業沒有興趣的人來說，最主要的就是避免進入此類領域。

梵谷在繪畫方面是個天才，但其他方面都很平庸；愛因斯可以提出相對論，卻不是一個好學生；柯南道爾寫小說能名揚天下，作為醫生卻毫無建樹……

每個人都有自己的特長和天賦，卡斯帕羅夫十五歲獲得國際西洋棋的世界冠軍，只用刻苦和方法很難解釋這一點。從事與自己特長相關的工作，就能較輕易地取得成功，否則多少都會埋沒自己的能力。大多數人在某些特定的方面都有著特殊的天賦和良好的素質，即使是看起來很笨的人，在某些特定的方面也可能有傑出的才能。

對每個人來說，可能在某些方面連做都不必做，因為你在這些方面連基本天分都不具備，又何必浪費力氣做。事實上，每個人不擅長的領域種類繁多，但在某個方面擁有一流技能或知識的人已經不多，大多數人都是在很多的領域欠缺天分、沒有技能，就連最起碼的表現都很難。所以，我們不應該勉強接受不喜歡的工作和職務，而應該為最喜歡的事業奮鬥。「選擇你所愛的，愛你所選擇的」才是避免短板效應的最好方法。

停止做某類事情

很多人都試圖做一些做不好，但本來不需要做的事情，並且為此浪費了大量時間，喪失了不少信任和尊嚴。為什麼呢？

因為人們總是鼓勵我們這麼做。興致勃勃的管理者在界定一件工作時，往往關注怎麼去做，而不是要達到什麼目的。他們規定風格而不是結果，繼而要求每個員工學會他們偏愛的風格。

這樣，你就會發現一些缺少「預見性」才能的員工在背誦他們的遠景規劃，因為有人定下規矩：每個員工都必須有長遠計畫。有時，你會看到一位不苟言笑的經理在練習說笑話，以圖變得更幽默，因為在某處寫著：「幽默感」是一項管理者的重要才能。

如何應對一種很難改變的弱點？正確的答案是：停止做這件事，看看有沒有人會在意。如果你照此辦理，有三種結局會使你大吃一驚：第一，沒有人會在意；第二，你會贏得尊敬；第三，你自己的感覺會好得多。

瑪麗是一位不太懂得體諒員工的經理。她為猜透每個員工的感情秘密，做了許多的努力，卻仍無結果。

迫不得已，她向員工們承認，自己缺少體諒的才能，並告訴所有的員工：「從現在起，我不再裝了。我不可能對你們心領神會，如果你們希望我知道你們的感受，最好對我直說。而且不要以為年初告訴我一次就夠了，要我記住你們的感覺並不容易，所以需要你們不斷提醒我，不然的話，我永遠也記不住。」

聽了這場表白，員工們鬆了一口氣。他們知道，瑪麗本質上是一個好人，但就是不懂得如何體諒別人，而這對他們來說並不新奇。他們也許會用「矜持」或「冷淡」這些詞來形容她，而不是「缺乏體諒」，但是意思是一樣的。正如其中一位所說：「瑪麗對情感世界毫無感覺，以至於她可以是你最好的朋友，但她自己對此卻一無所知。」

承認自己的弱點和宣布放棄彌補它是需要勇氣的。作為一名經理，瑪麗這麼做是朝前邁了一大步。在她的員工眼中，她變得更真誠了——她有缺點，但自己知道——因此，她成為一個更值得信賴的經理。她的所作所為擺脫了那種做作的、「演戲」的特點，變得更加可靠了。她並非完人，但是她的弱點大家有目共睹。她的員工們喜歡這樣。

你如果承認自己的弱點，並且宣布放棄彌補它的努力，就會取得同樣的結果。如果你承認自己在克服一個頑固的弱點中敗下陣來，你就很可能贏得身邊人的信任和尊敬。

除短不能操之過急

雖然我們應該及時清除酒中的汙水，讓企業不再容忍平庸的行為，但管理者對企業的人事問題也不能操之過急，否則將會出現「水至清則無魚」的結果。

二十世紀九〇年代，處於高速發展期的R電氣公司曾經發生這樣的事情：該公司是由總經理個人經營的小企業發展壯大的，但卻和其他多數公司一樣沒有適時招募人才，即使這樣，公司仍然隨著時代的潮流繼續發展。

公司越辦越大，組織系統急需完善，這樣，企業不得不把管理職位讓給那些有資歷的人來做，事實上，總經理不認為這些人是合適的人選。然而，在企業發展期進入公司的職員總比在初期進來的人經驗充足一些。於是，新來的員工工作時間久了，便不滿足於在這些不稱職的人手下做事，這樣一來，嚴重影響公司的快速運轉。

人才資源的浪費不可避免地影響到公司經濟的發展，總經理常常聽到下屬的抱怨，所以決定對這些情況採取斷然措施。那些素質不高的管理者全部被要求退出管理階層，取而代之的是年輕人。大家原想這樣做會使一切好轉起來，但奇怪的現象發生了，在徵求意見過程中，很多人對那些被免去管理職位的資歷較老的人投了同情票，甚至包括一部分曾經抱著極大不平的人。

人心動搖，總經理目瞪口呆。的確，資歷老的人不一定適合做管理者，這是事實，但是總經理的做法也太過火了一些，導致被免去管理職位的人和周圍人的不滿。

以業績掛帥、能力掛帥為原則的公司也有採用這種冒進措施的情況。昨天擔任部長，今天就變成員工；昨天是員工，今天就升為高級管理者，這種現象時有發生。被調動的人從不間斷，結果只能變成一場鬧劇。

人不是機器，機器性能不好可以馬上更換，如果對人事判斷或採取的措施失誤，則一定會傷害到本人和其他周圍的人，而且一旦受到傷害，即使盡了最大的努力挽救也難以恢復原狀。

想要裝滿水，
木桶所有的木板就要一樣高！

一個稱職的領導者，絕不會聽信一些片面之辭，哪個環節出了問題，他必然會深入基層調查研究。如果一個管理者違反人事規則，進行大刀闊斧、大快人心的人事改革，其結果往往不是預期的目的。

第六章

補短和防短

某些東西可以視為各種工作通用的基本要求，例如：交流思想的能力，傾聽的能力，組織自己生活，確保不誤事的能力，對自己的表現負責任的能力。

如果你不具備這些方面的能力，就應該下一番苦功，盡自己最大的努力去彌補，以圖有所改進。

有些東西沒有就不行

有件事困擾了里斯很久，里斯得承認，越早讓別人知道這件事，他可能就越感到自在些。那就是——里斯不會開車！

多年以來，里斯發現向別人承認自己不會開車是一件很尷尬的事。里斯曾嘗試著向一位最要好的朋友承認自己不會開車，結果朋友馬上用懷疑和驚恐代替了剛才還溫文爾雅的表情。

但這還不是最糟的，當里斯有一天走進一家商店打算用支票付帳時，他才深深體會到不會開車，沒有駕照讓自己陷進多大的麻煩之中。

有一次，里斯在馬里蘭州一家購物中心的折扣商店裡閒逛。其實里斯是打算買一台攜帶式的打字機，這家商店的店員熱情周到地為里斯介紹著不同型號的機器。

里斯終於選定了一台，並問道：「在這裡我能用私人支票付帳嗎？」

「當然！」店員和藹地說，「那，你有能證明身分的證件嗎？」

「有，你瞧……」里斯邊說著邊掏口袋，從身上的各個口袋裡掏出了銀行信用卡、俱樂部會員卡、貝爾電話公司信用卡，還有白宮通行證。

那個店員細細查看了里斯的證件，然後抬頭問道：「請問，我能看一下你的駕照嗎？」

「啊！我沒有駕照。」里斯答道。

「你弄丟了嗎？」

「不，我不可能弄丟，因為我不會開車。」

那個店員睜大了眼睛盯了里斯半天，然後毫不猶豫地按響了櫃檯下面的警報器。不一會兒，一個櫃檯經理模樣的人跑了過來。

剛才還熱情似火的店員現在變得粗暴無禮。他指著里斯的鼻子向經理說道：「這個傢伙打算用支票付錢，但他竟然連個駕照都沒有。我是不是該叫保安？」

「等一會兒，我去問問。」經理轉過頭向著里斯問道：「你是不是因為違反交通規則被吊銷了駕照？」

「不，我從來沒開過車，我討厭開車。」

「你討厭開車？」經理已經開始沖著里斯叫喊了，「純粹是藉口！說！你為什麼沒駕照，你為什麼沒駕照還敢跑過來說『用支票付帳』？」

「我想那些證件已經足夠了。」里斯指了指那些鋪了一櫃檯的證件。

「足夠了？哼，他們再多也抵不上一張駕照！」

就像里斯的駕照一樣，某些東西可以視為各種工作通用的基本要求，例如：交流思想的能力，傾聽的能力，組織自己生活，確保不誤事的能力，對自己的表現負責任的能力。

如果你不具備這些方面的能力，就應該下一番苦功，盡自己最大的努力去彌補，以圖有所改進。由於各種理由，你可能不會喜歡這樣下苦功，並且無法僅憑此舉達到卓越，但是你別無其他出路。不然的話，這些弱點很可能瓦解你在其他領域的強大優勢。

最經濟、直接的方法

喬・漢姆剛到艾德武館訓練時，由於技術和經驗不足常常挨打。他企圖使詐，可總是無濟於事。

一天，教練派克請他到辦公室，隨手拿了一支粉筆，在地上畫了一條線，問道：「假如是你，你怎樣才能把這條線弄短？」漢姆仔細端詳了一陣後，給出了幾個答案，包括把線截成幾段。誰知派克卻大搖其頭，然後，他用粉筆在那條線旁邊又畫一條長線，問：「現在你看頭一條線怎麼樣啦？」漢姆恍然大悟地回答：「哦，短了。」

成功，不是削弱別人的實力以求相齊。彌補所短、強大自己，才是最明智的做法！

如果組成木桶的木板長短不一，那麼要增大木桶的容量，我們可採取兩種辦法：第一是同時加長每一塊木板；第二是只加長最短的木板。相比之下我們很容易看出，要增大相同的容量，第二種方法比第一種要經濟得多。

在很多企業的培訓工作中，根本就沒有考慮員工的實際水準是參差不齊的，其培訓過程像學校上課一樣有統一的模式，採取統一的進度。很顯然，這種方法是很不經濟的，因為在缺乏針對性的同時，又大大增加了培訓投資，而最終取得的效果卻不一定很好。更有甚者，一些企業將培訓視為一種福利，獎勵給表現出色的員工。毫無疑問，這樣只能使長木板更長而讓短木板更短，企業的整體實力永遠也得不到提高。

彌補弱點，加長短板

獲取必要的知識和技能

弱點是什麼呢？大多數人都會贊同韋氏和牛津英語辭典上給出的定義：弱點是「我們不在行的領域」。

按照這種定義，你會發現，自己不在行的領域多得數不清，但是你無須擔心，因為它們不會妨礙你出色的發揮。對於它們，你無須採取什麼措施，置之不理就是了。

比如，如果你不會使用質譜儀，或者不知道元素在週期表上的次序，這些都算不上弱點，因為你可能不是一名專業的科學家。你也許會在某次知識問答的遊戲中陷入尷尬，但除此之外，你不會為不精通這些領域而有絲毫的不安。

因此，對於不在行的領域，我們最多把他歸結成一種欠缺，而弱點是妨礙你出色發揮的因素。這些欠缺只有在一種情況下會變成真正的弱點：一旦你所做的工作需要你並不掌握的技能和知識，你的弱點就誕生了。

例如，你如果不知道波音七四七飛機的飛行速度，在大多場合下無足輕重。然而，如果你是駕駛波音飛機的飛行員，這種無知就成了致命的弱點。同理，缺少溝通的能力對於你做好原來的法律調研工作並無妨害，但一旦你決定當一名審判律師，它就變成了弱點。

你一旦知道了自身真正的弱點所在，你該如何應對呢？

比如，如果你是一名醫療器械推銷員，你一味向醫生推銷，卻沒意識到在當今醫療市場上，財務主管才是真正的決策人。再如，你是一名經理，但不善於有效委派，因為你不知道如何與員工一道制定明確的目標。

對於這些弱點，答案非常明確：學會你需要的技能或知識。

讓自己變得不可替代

生物學家研究發現，在成群的螞蟻中，大部分螞蟻都很勤快，尋找食物、搬運食物爭先恐後，少數螞蟻卻東張西望地不幹活。

為了研究這類懶螞蟻如何在蟻群中生存，生物學家做了一個實驗：他們把這些懶螞蟻都做上標記，斷絕螞蟻的食物來源，並破壞了螞蟻窩，然後觀察結果。

這時，發生了令生物學家意想不到的情況。哪些勤快的螞蟻只會一籌莫展，而懶螞蟻則「挺身而出」，帶領伙伴向它早已偵察到的新食物源轉移。接著，他們再把這些懶螞蟻全部從蟻群裡抓走，實驗者馬上發現，所有的螞蟻都停止了工作，亂作一團。直到他們把那些懶螞蟻放回去後，整個蟻群才恢復到繁忙有序的工作中。

大多數螞蟻都很勤奮，忙忙碌碌，任勞任怨，但他們緊張有序的勞作往往離不開那些不幹活的懶螞蟻。懶螞蟻在蟻群中的地位是不可替代的，他們能看到事物的未來，能正確地把握了當前的行動，使自己在蟻群中不可替代。

西班牙著名的智者巴爾塔沙・葛拉西安在其《智慧書》中告誡人們：「在生活和工作中要不斷完善自己，使自己變得不可替代。讓別人離開你就無法正常運轉，這樣你的地位就會大大提高。」

事實確實如此，如果一個人在他所任職的公司中變得不可替代，就像蟻群的那些懶螞蟻一樣，那他的成功也就指日可待了。比如在公司裡你能勤動腦，以戰略的眼光去思考企業的發展，不斷尋求企業新的增長點，不斷開發新產品，開拓新市場，把握住企業的目標，努力讓企業「做對的事」，你一定會成為公司裡的頂樑柱，那時還愁沒有升職加薪的機會嗎？

一位成功學家曾聘用一名年輕女孩當助手，替他拆閱、分類信件，支付女孩薪水與相關工作的人相同。有一天，這位成功學家口述了一句格言，要求她用打字機記錄下來：「請記住，你惟一的限制就是你自己腦中所設立的哪個限制。」

她將打好的文件交給老闆，並且有所感悟地說：「你的格言令我大受啟發，對我的人生很有價值。」

這件事並未引起成功學家的注意，但是在女孩的心目中卻烙上了深刻的印象。從哪天起，她開始在晚飯後回到辦公室繼續工作，不計報酬地做一些並非自己份內的事，譬如，替代老闆給讀者回信。

她認真研究成功學家的語言風格，以致於這些回信和老闆一樣好，有時甚至會更好。她一直堅持這樣做，並不在乎老闆是否注意到自己的努力。終於有一天，成功學家的秘書因故辭職，在挑選合格人選時，老闆自然而然地想到了這個女孩。

在沒有得到這個職位之前，女孩就已經身在其位了，這正是她獲得這個職位的最重要原因。當下班的鈴聲響起之後，她依然坐在自己的職位上，在沒有任何報酬承諾的情況下，依然刻苦訓練，最終使自己有資格接受這個職位。

故事並沒有結束。這位年輕女孩的能力如此優秀，引起了更多人的關注，其他公司紛紛提供更好的職位邀請她加盟。為了挽留她，成功學家多次提高她的薪水，與最初當一名普通速記員時相比已經高出了四倍。對此，做老闆的也無可奈何，因為她不斷提高自我價值，使自己變得不可替代了。

對於個人而言，如果不希望成為木桶中最短的一塊木板，並還能求得個人的不斷發展，只有不斷地給自己充電，提高自身的競爭力。同時，如果能夠利用公司提供的在職員工培訓，則會在互動的環境中非常有效地增加業務知識和提高工作技能。

迅速提高職業競爭力

近年來「迅速提高職業競爭力」似乎已經成了老生常談，但是很少有人在提高自身何種競爭力，如何提高職業競爭力上做文章。多半情況是頭痛醫頭，腳痛醫腳，經常忙著學這、學那，沒有清晰的學習的目標，這樣做似乎競爭力是提高了，但是卻只是學得多，真正用得上的少，往往事倍功半。

原因何在？就在於對學習的結果沒有評估的過程，控制學習就更談不上了。這又怎能「迅速提高職業競爭力」呢？正確的做法應該是：

第一步，做「SWOT」分析，針對自身面臨的機會和威脅進行分析。為了更好地抓住機會和迴避風險，只需要彌補嚴重制約自身發展的劣勢。補短的關鍵在於判斷哪一項劣勢才是自身目前最應該彌補的。要有目的的補，而不是無目的、盲目地補。

第二步，制定補短的目標，即自身希望達到的學習效果。這一點至關重要，目標一定是可以實現的，要量化以便衡量結果，不同的學習目標要有層次，而且要相互協調。

第三步，制定一個補短計畫，由計畫來指導學習和工作，而不是隨意地想做就做。

第四步，制定一個補短行動方案和時間進度表，以利於計畫的執行和控制。

第五步，對補短的學習過程進行控制。計畫執行的過程中要及時地衡量學習的結果，進行評估，診斷結果，然後採取修正行動。在現實中，控制這個環節往往被很多人所忽視了，只是去補了，去學了，但是沒有控制，這很容易造成補短的低效率。

對員工進行必要的培訓

一個企業想要成為一個結實耐用的木桶，首先要想盡方法提高短板子的長度。只有讓所有的板子都維持「足夠高」的高度，才能充分展現出團隊精神，完全發揮團隊作用。在這個充滿競爭的年代，越來越多的管理者意識到，只要組織裡有一個員工的能力很弱，就足以影響整個組織達成預期的目標。

想要提高每一個員工的競爭力，並將他們的力量有效的凝聚起來，最好的方法就是對員工進行教育和培訓。企業培訓是一項有意義又實在的工作。優秀企業的員工，都很樂意接受教育和培訓，這對於培養企業的團隊精神大有裨益。

根據權威的「ＩＤＣ」公司預計，在美國，到二〇〇五年企業花在員工培訓的費用總額將達到一一四億美元，而被譽為美國「最佳管理者」的「ＧＥ」公司總裁麥克尼爾宣稱，「ＧＥ」每年的員工培訓費用就達五億美元，並且將成倍增長。

惠普公司內部有一項關於管理規範的教育專案，僅僅是這一個培訓項目，研究經費每年就高達數百萬美元。他們不僅研究教育內容，而且還研究哪一種教育方式更易於被人們所接受。對於員工培訓，惠普公司堅持以下原則：

員工培訓在內容上應該注意將個人智慧標準化、制度化和手冊化。

倘若把企業的某個部門或某一職位比作一個木桶，那麼這個部門或職位上的每位員工就是組成這只木桶的某塊木板。由於每一位員工的工作能力和特長客觀上是參差不齊的，所以組成這只木桶的木板也是長短不一的，其中必有一塊是最長的。

我們完全可以設法讓所有短木板向最長的那一塊看齊，進而有效地避免木桶定律的副作用，來增大木桶的容量。

很多企業一提到員工培訓，首先想到的往往是從外部尋求培訓資源，而不是從內部開發培訓資源。實際上，企業的每個部門或職位上必有一個工作能力最強的先進者，作為最強的先進者必有其獨特的、成功的工作經驗和技巧。企業應該注意對這些先進者的成功經驗進行挖掘、整理、完善和提升，使之標準化、制度化和手冊化，進而成為非常切合其所在部門和職位的寶貴的培訓資源。

員工培訓的內容應該從狹隘的職務培訓轉向豐富多彩的全方位培訓。

如果把員工比作一只木桶，組成這個木桶的木板就是該員工所掌握的各項知識和技能，該木桶的最大容量就是該員工的整體實力和競爭力。

對於某個具體的員工來說，除非職位知識和技能是他的薄弱環節（例如新員工），否則單純的職位培訓對於提高該員工的整體實力和競爭力是遠遠不夠的。

喜歡圍棋的人都知道，許多棋手在暫別棋壇一段時期後重回棋壇，水準往往會突飛猛進，這就是人們常說的「功夫在棋外」。現代社會是個協作性社會，以合作求競爭才能達到利益的最大化，所以員工培訓的內容應該從狹隘的職位培訓轉向豐富多彩的全方位培訓上。

員工培訓應該注意提高員工特別是中高層員工的人文素養。

良好的人文素養一方面可以讓人站在哲學的、歷史的、文學的、藝術的高度看問題，有利於提升員工的知識和認知水準，增強人的創造能力；另一方面，它作為價值觀念和思維方式，可以滲透於人的內心之中，使員工抵禦一些不正當的物質或功利的誘惑。

給下屬成長的機會

雖然一個稱職的領導者必須是一個「萬事通」，但一個能力很強的領導者不一定能管理好一家企業。有些領導者做事，喜歡大小權力一把抓，大小事情統統自己動手，員工只能當他的助手，造成自己整天忙得像隻無頭蒼蠅。

一個領導者，如果任何事都親自過問，下屬也將樂意將問題上交，統統由你去處理。你可能會為會計改正她的帳目差錯，而不是退給她自己去改；平時你還自己起草業務方案，而不是交給業務經理去執行。

把困難工作留給自己去做，是因為他們認為別人勝任不了這種工作。他們覺得親自去做更有把握，當被問及有關這種工作的問題時，他們自信能對答如流。如果一個企業的領導者總這樣包攬，下屬就沒有任何學習成長機會的。

美國著名管理學家哈默有一紐約客戶就是這種類型。當他在自己的辦公室時，除了要與客戶電話聯絡外，還要處理公司大大小小的事情，桌子上的公文一大堆等他去處理，每天都忙得不可開交。

每次到加州出差，哈默都要約他早上六點三十分鐘見面，他必然會提前三個小時起床，處理公司轉來的傳真，做完後，再將傳真回送給他的公司。哈默曾與他談論，覺得他做得太多，而他的員工只做簡單的工作，甚至不必動腦筋去思考、去回答他的客戶，也不必負擔任何的責任與風險，像他這種做法，好的人才不可能留下。

這位顧客說，員工沒有辦法做得像他一樣的好，對此，哈默向他說明兩點：

「第一，如果你的員工像你這麼聰明，做得和你一樣好的話，那他就不必當你的員工，早就當老闆了。第二，你從不給他機會去嘗試，怎麼知道他做得不好呢？」

一個人只有一雙手，一天即使不睡覺也只有二十四個小時可供使用，況且不可能天天不睡覺。因此，不可能什麼事都自己做，只能授權屬下。員工做錯事情，你必須去分析、去瞭解，無論是故意或是疏忽還是不懂。除非是故意做錯事，否則不該大聲責罵，讓他難堪。

如果事情已經發生，責備就於事無補，此時員工需要的，就是領導者的體諒與細心的指導，告訴他該如何去做，如何去解決問題。問題得到解決，不僅員工能進步，長期而言，公司也能受益，可謂一舉兩得。

如果想要員工成為木桶上一塊足夠長的木板，首先要做到以下幾點：

信任員工，無論他做得多麼差勁，你都要相信他努力了，然後鼓勵他，讓他充滿自信地投入到工作中。

人不是生下來就會做事的，做任何事情的能力和技巧都是學來的，犯錯在所難免。因此，你一定要讓員工有學習的機會，細心教導員工，讓員工由錯誤中學習經驗，吸取教訓。如果事事躬親，員工就沒有學習的機會了，也不會快速地成長、成熟起來。允許犯錯，但同時又要提醒他們絕不允許犯同樣的錯誤。

讓員工有自主權，好像自己當老闆一樣，獲得尊重與肯定，只有這樣，員工才能具有成就感。

身為領導者，你必須明白：請別人為你做事，你才可能從他們中發現有才能的人。給他們機會，為你完成更多的工作，也可以說是訓練他們承擔額外的工作。

為了激勵員工的成長，身為領導者，應對他們所提出的建議，有專心傾聽的雅量，有開明的作風接納意見，以感激的心情接受熱誠，使公司充滿發展的朝氣。

培植有潛力的員工，並且委以重任，尤其應該讓他做主產品品種開發和營銷方面的工作。把一項重要的工作授權某個員工以後，你仍然必須隨時待命，當業務遇到難題，員工解決不了時，你還是要親自解決。

領導者不可能什麼事都自己做，必須有心栽培值得你信賴的有潛力的員工，耐心地教導他們。剛開始的學習階段，難免發生錯誤，致使公司蒙受損失，但只要不是太大，不會動搖公司的根本，就把它當作訓練費用。你一定要脫身去處理首要的事情，因為它可能關乎整個企業的前途。適時放手讓你身邊的人承擔責任，並考核他們的表現。當他們妥善地完成工作時，就要讓他們知道自己做得不錯。

經過一段時間之後，你認為他已有足夠的經驗與智慧去應付一切事務，就應該大膽地授權給他，讓他去做主，去發揮。這樣，公司才留得住可用之才，這也是一個公司長久發展的經營之道。

企業的發展壯大不能只靠一個或幾個管理者，必須依靠廣大員工的積極努力，藉助他們的才能和智慧，群策群力才能逐步把企業推向前進。再能幹的領導者，也要藉助他人的智慧和能力，這是一個企業發展的最佳道路。

開發非明星員工

想要提升企業的整體績效，除了對所有員工進行培訓，更要注重對「短木板」——非明星員工的開發。

美國大聯盟西雅圖水手隊的明星球員羅德基斯，曾經成為許多球隊的挖角對象。羅德基思開出的條件除了二千多萬美金的年薪外，還要求球隊給予他各種特別待遇，包括在訓練場有自己專屬的棚子，供他自由使用的私人飛機。原本對羅德基斯有興趣的紐約大都會隊，聽到這些之後決定打退堂鼓。

該球隊表示，如果他們答應羅德基斯的所有條件，幾乎是允許他獨立於球隊之外，自成一格，對球隊的影響是弊多於利。他們需要的是由二十五個球員組成的團隊，而不是二十四個球員加上一個特殊球員。

著名管理顧問奧斯丁指出，如果企業將過多的精力關注於「明星員工」，而忽略了占公司多數的一般員工，會打擊團隊士氣，進而使「明星員工」的才能與團隊合作兩者間失去平衡。管理者應該自問：誰對公司比較重要？是幾個明星員工，還是一群默默耘耘的員工？奧斯汀表示，超級明星很難服從團隊的決定。明星之所以是明星，是因為他們覺得自己和其他人的起點不同，他們需要的是不斷提高標準，挑戰自己。

「明星員工」的光芒很容易看見，可是，別忘了非明星員工的努力，他們也需要鼓勵。而且，對「非明星員工」的激勵得好，效果可以大大勝過對「明星員工」的激勵。

中國民間有一句至理名言，叫作「三個臭皮匠，勝過一個諸葛亮」。能請得到「諸葛亮」這樣的高明之士，的確是一件喜事，但努力挖掘「臭皮匠」的能力，道路也許將會更寬、更好些。

強調關注「非明星員工」，並不是說那些「明星員工」不重要，而是說什麼事都不能走向絕對化，或顧此失彼，抑此揚彼，特別是在以效益衡量成敗的生產經營領域，任何一環都是不可或缺的，對每一個員工都要量才而用，各盡其能。

長期以來，「首席」這頂帽子是令人羨慕的，但它只是戴在一些關鍵的重要人物頭上，如「首席大法官」、「首席執行官」、「首席資訊官」。其實在任何企業裡，「首席」的頭銜也應戴到一線普通工人的頭上，因為他們也是不可或缺的。

所以，我們想要達到「木桶」的最大盛水量，就要盡可能加長最短的那塊木板。同樣的，企業的用人制度也是一樣要「人盡其才，取長補短」解決薄弱環節，只有這樣才能發揮企業的整體優勢。

打造超級團隊

企業經營是一個系統工程，不僅要做到沒有明顯的短板，還要保證每塊木板結實，整個系統堅固，各環節接合緊密無隙。這是因為，一個群體是一回事，一個團隊又完全是另外一回事，這就如同一根沒有磁性的鐵棒，每個分子都在按自身的目標旋轉，各自的磁性相互抵銷，鐵棒整體不顯磁性，如同烏合之眾沒有組織力量一樣。如果將鐵棒置入一個磁場中，每個分子在磁場的作用下朝同一方向旋轉，鐵棒整體就顯示出很強的磁性。

我們經常看到，積極、強勁的團隊中一些成員相互慶祝：「我們真棒！」這種感覺能夠激發人們追求更大、更高的目標時，這就是最好的結果。

有效管理就像一個良好的磁場，而形成磁場的工具就是機制、制度、政策、權力和無處不在的團隊文化。今天，團隊建設已經成為最受企業歡迎的培訓課程。企業在飽償長期內耗之苦後，希望透過提倡一種團隊精神來改變現狀。那麼，如何才能打造一支超級團隊呢？

團隊精神固然是最重要的因素之一，但團隊精神的產生必須依靠團隊建設。因此，團隊建設方法和團隊精神一樣都不能或缺。

為了說明這一點，首先應該明確團隊的概念：團隊是由具有互補技能組成的、為達成共同的目標、願景在認同的程序下工作的團體。

不難看出，方法和程序是團隊運作中的靈魂。在好的程序與方法下，團隊成員會共同思考，統一行動，這樣堅持下來便會形成一種行為習慣，這種習慣將會不斷提升團隊精神。反之，沒有好的、讓成員認同的程序和方法，只有團隊精神也難於協調運作，團隊精神會流於形式，最終也不過是喊喊口號而已。

一個主管在升任總裁之後，為在組織內推行團隊精神，把各級主管分批派去參加培訓，大家都學到了處理和解決管理問題的共同方法。為了將培訓成果鞏固下來，他有意製造了一種氣氛，並且身體力行。

這位總裁透過引進一種工具和觀念，使團隊成員的「努力」能夠得到「協調」和「整合」，互助合作及團隊精神也就水到渠成。果然，這個組織的氣氛幾乎在一夜之間就改變了，他們學會了公開討論，並願意把自己的構想和別人交流，透過運用共同學到的方法，他們能夠解決更多的問題，做出更好的決策。

他沒有特別要建立團隊精神，但是這種團隊精神卻透過團隊成員在共同的準則及程序下，共同在工作中產生。因此，想要打造一支超級團隊，需要持久的、堅持不懈的努力，這個過程的關鍵就是要找到適合團隊的程序和方法。

以下，我們將提供每個成員都願意為之奮鬥的模式——超級團隊模式。

渴望成功。超級團隊非常有活力，每個成員都能擔負起責任，大家在渴望成功的基礎上，尋求最好的合作發展。

不斷改進。成員對自己和他人有很高的期望，並不斷尋求進步。

離經不叛道。成員遵循一定的規則和方針，但又不拘泥於規則，他們能夠堅持和他人溝通，無論是獨自工作還是群體工作，都能取得很高的效率。

主動進取。成員反應迅速、態度積極樂觀，行動能力強。

重視領導者。成員敬重顧大局、有活力的領導人，並且希望在他們的領導下共同爭取外部資源與支持。

以人為本、強調合作。成員尊重知識、競爭和貢獻勝過身分和地位，他們注重合作及解決問題。超級團隊在履行任務過程中，始終以使命和目標為導向。他們持之以恆，但也不失靈活。

理性、頑強，並且勇於創造。成員們能夠分清事情的輕重緩急、敢於面對問題，能夠選擇合適的方法清除障礙。方法可以是靈活的、創造性的或者規範化的。

富有創新。成員能適度冒險以獲取卓越成績。

容易接近。成員不斷和外界接觸，讓外界瞭解自己，積極尋求外部的回饋與幫助。

勤奮敬業。成員理解組織的戰略和經營理念，並希望實現組織的目標。他們在一個開放的文化中發展，他們所在的系統授予他們權力，也希望他們承擔責任，以便完成雙方共同商定的目標。

與所在的組織互相影響、共同發展。團隊成員和團隊創始人一樣擁有權力，因為個人的影響力取決於信譽而非權威。

培訓自己的合作伙伴

公司的某個員工成為「最短一塊木板」時，他可能會影響到該部門甚至整個公司的業績；公司的某個經銷商或代理商成為「最短木板」時，他們同樣也會對公司業績造成嚴重的影響。

一次，美國奧爾瑪人力資源管理顧問約翰・若夫斯基在與記者聊天時，談到了企業「組織」的範疇：從人力資源學和社會關係學來說，每個公司都有自己的「小組織」和「大組織」。

「小組織」的範疇一般局限於該公司的人力資源和組織構架，而「大組織」的範疇則要大得多，它包括該公司的合作伙伴、客戶和社會關係，甚至自己客戶的客戶、伙伴的伙伴和員工的社會關係都可以包含在其中。

「大組織」是一個公司的「培養基」，公司如果能充分利用「大組織」中的資源，將可取得「小組織」所難以想像的成功。從這個理論的角度來看，原製造商的經銷商和各級代理商自然是公司「大組織」中的一部分。

「ＡＰＣ」美國區域總經理奧格・湯瑪斯很清楚經銷商和各級代理商在「ＡＰＣ」美國這個「大組織」中的重要性，他把用於衡量企業內部競爭力的「木桶定律」擴展到「大組織」中，經銷商和各級代理商也成了「ＡＰＣ」這個「木桶」中的一塊「木板」，在某些時候甚至成了制約木桶容積的「最短一塊木板」。

「ＡＰＣ」的解決辦法是培訓。對員工有培訓，對製造商同樣有培訓——最近制定的一套完整的經銷商培訓體系正是解決辦法之一。

據「ＡＰＣ」美國區培訓與發展部經理霍桑墨爾介紹，公司目前有二〇％左右的員工來自「ＡＰＣ」和競爭對手的經銷商或代理商，他們已經從「ＡＰＣ」的「大組織」跨入了他的「小組織」，也為「ＡＰＣ」舒解人才壓力提供了一條有效的解決途徑。從這個角度來看，「ＡＰＣ」對經銷商的培訓，實際上是在為自己的團隊培訓「預備隊」。

有人說「ＡＰＣ」的薪水很高，才吸引了很多優秀的人才加盟。霍桑墨爾並不這樣認為，他認為是「ＡＰＣ」完善的培訓吸引了他們。

「ＡＰＣ」認為，培訓和開發是保持人力資源這種「易耗型」資源再生性和持續性的必要手段。培訓和開發包括兩個內容：

一、培訓是對人力資源現在職位的一種適合，著重於現在。

二、開發著眼於將來，針對於職員將來的職業生涯，對經銷商和各級代理商也是如此。

如果製造企業的經營管理能力越來越強，經銷商、分銷商、供應商的能力越來越差，企業整體的經營管理水準如何評價，就只能以經銷商或代理商的水準來界定。儘管企業內部的物流系統、供應鏈水準很先進，但脫離外部供應鏈也是不行的。

代理商和經銷商實際上是產品流通鏈中的一部分，同時也是公司的一部分。對經銷商的老闆和員工進行培訓，一方面可以把公司的理念介紹給他們，另一方面也可以增加他們對原製造商的向心力。

從經銷商的角度來看，這些針對性的培訓不僅提高了自身的業務水準，也提高了公司的自身競爭力。

以己之長，補己之短

一個人的優點和缺點、長處與短處並不是固定不變的。優點擴展了，缺點也就受到限制，發揚長處是克服短處的重要方法。

麥克是一名顧問，以向商界發表演說為生。從任何角度來看，他做這行是非常出色的。他演說一次的要價是數千美金，並且演說日程已經排滿十二個月，這都顯示，他是一個效率很高的演說家。

對於這個結果，最感驚訝的莫過於麥克本人。二十年前，如果你告訴他，他將會每週對四五百人演說，一邊講故事，一邊講思想，令聽眾為之傾倒，他一定會從最壞處著想——認定你和別人一樣在取笑他。

事實上，麥克四歲起開始口吃，並不是有壓力時偶爾口吃，而是持續性口吃。每個單字對他來說都是一個陷阱。以子音開頭的單字根本說不出口。如果他要說出這個單字，說話的衝動就會在內心湧起。他能感到這種衝動，但是氣流好像無法突破第一個字母。他僵住了，嘴裡發出一些含糊不清的聲音，但跟在後面的不是這個單字。

以母音開頭的單字就更糟了。單字的第一個音很快流出來了——畢竟這是一個軟母音，但是單字的其他部分會遠遠落在後面。這樣，第一個母音會不斷地重複，就像一台蒸汽機車呼呼地開出車站，而後面的車廂卻沒有跟上。

毋庸質疑，麥克為此備感羞辱。他不幸進了英國的一所寄宿學校，那裡的一些同學不斷地戲弄他。憂心忡忡的父母帶著他走訪了很多兒童心理學家，盼望能治好他的病，但是除了被告知避免與他哥哥競爭外，麥克並沒有得到什麼幫助。他在學校的生活真是苦不堪言，害怕有一天在課堂上被叫起來高聲朗誦，對鬧個不停的同學一腔怨恨，甚至幼稚地擔心自己結不了婚，因為他不會說「你能嫁給我嗎」這類的話。

後來的一天早上，奇蹟出現了。麥克被選出來在早會上向全校朗誦。麥克在朗誦者名單上看到自己的名字時，怒不可遏。他知道，學校並非故意為難他，只是照章行事，為每個畢業班學生安排一次朗誦，但他認定他們沒安好心。難道他們不知道，他的朗誦會淪為一場鬧劇嗎？難道他們不能改變慣例，使他免於受辱？

麥克向校長提出請求。但這是英國，是一所寄宿學校，慣例是不能變通的。

那天早晨，麥克顫巍巍地走向講台，即將到來的災難使他麻木。前一天晚上，校長幫助他一起練習了這段演說辭。由於他的結巴，五分鐘的演說拖成了一刻鐘的折磨。他知道將會發生什麼，卻無能為力。他想，像所有的悲劇一樣，這是不可避免的，便繞講台一圈，緊緊抓住台邊，向台下嘻嘻哈哈的聽眾望去，吸了一口氣。

突然間，句子從他嘴裡流出來，猶如瓊漿玉液。語流很快，他簡直有點跟不上。它們自如地流淌，就像一個正常人一樣。他發現自己已讀了一半，進度恰到好處。他在「sarcasm」（譏諷）這個詞上打了一個小磕巴——他今天還記得這個小小的嘲弄——隨後便飛流直下，順利地透過了「inevitable」（不可避免）、「multitudes」（眾多）、「magnificent」（妙不可言）等詞語的雷區，揚帆馳向終點。他成功了。整個朗誦沒有結巴。令他不可思議的是，他感到了滿足。抬起頭來，他看到了聽眾們一個個張大著嘴巴，看到了幾個宿敵難以置信的呆滯眼神，也看到了十幾個好友的微笑。

他們跑到他前面問：「發生了什麼事？」問得好，他想。十年治療口吃的努力終於有所收穫，它突然在大庭廣眾之下消失了。到底發生了什麼呢？

回想起來，他意識到，正當他準備朗誦時，他看了一下聽眾，看到了他們的臉，頓時勇氣倍增。他慢慢地、愈來愈肯定地意識到，他喜歡登台表演——按照優勢識別器的理論，這是「追求」和「溝通」這兩個主題的結合使然。在數百人面前表演的壓力，令很多人無比恐懼，卻使他精神煥發。有的人面對眾人會張口結舌，他卻感到放鬆。他的思維更敏捷，語言更流暢。在台上，他能做到日常生活中始終做不到的事情。他能將禁錮在頭腦中的思想釋放出來，他能自如地表達自己。

麥克發現了自己的優勢，將它運用到台下的現實生活中。每次他跟人說話時，無論是在校園裡，汽車上，還是電話裡，他都想像自己面對二百個聽眾。他想像演講現場，看到一張張臉，精心組織他的思想，詞句就突然噴湧而出。從那時開始，無論是在學校裡，在他工作的場所，與朋友在一起，在家裡，再也沒人叫他「麥……麥……麥……麥克」了。

麥克的例子說明，優勢的威力能壓倒弱點。麥克長達十年為其弱點所困，全力治療而沒有結果。所幸的是，他意識到自己的優勢，並把它經過適當培養，使自己的能力獲得解放。當你試圖控制自身弱點時，多去想想自身的優點，它們也會這樣幫你。

以人之長，補己之短

只有強者，才會求助

想要成為一名優秀的工作者，不一定要是多方面的專家，關鍵是要看自己能否與同事建立互補的伙伴關係。

杜邦公司的瓦爾德就是建立互補伙伴關係的高手。他不僅能生動而詳盡地描述自身的優勢和弱點，而且能準確識別與自己弱點相互補的伙伴。

有的弱點涉及知識和技能，因此很容易找到與之相配的對象。比如，一些「對數字頭疼」的企業家常常尋找「對數字著迷」的會計師當合作伙伴；一些基因工程專家明智地尋找能使他們研製的靈丹妙藥獲得批准的法律專家。但是，最好的例子是建立在才能互補上的伙伴關係。

有一位高級主管深知，他的每個直接下屬都有不同的特點，但他同時意識到，他自己缺乏必要的才能來準確識別這些下屬到底有什麼不同。他並不試圖掩飾自己的這個弱點，而是雇了一名人力資源專家，其主要職責就是幫助他瞭解每個人的特點。

有一位審判律師在法庭上十分雄辯，但討厭到圖書館研究案例。他在開拓自身業務時，深知他最需要聘請一個樂於研究司法案例的人，與他的法庭雄辯互補。他很快發現了一個人。一想到要整天研讀蠅頭小字的資料，此人就眼睛發亮。於是兩人一起開拓了十分火爆的業務。

還有一位飛航的服務員，討人喜歡，但缺乏勇氣。面對一些脾氣暴躁的乘客，他不免發怵。即使對彬彬有禮的乘客，他也不願帶去壞消息。因此，每次航班乘客登機之前，他都要環顧四周，詢問有哪位乘務人員能鎮定自若地向乘客宣布航班取消、座位搞錯，或其他令人不快的消息。他雖不能每次都找到理想的合作伙伴，但經常能如願。他告訴我們，過去，碰到一些情況，他容易驚慌失措，失去冷靜，甚至惹惱乘客，而現在的伙伴幫助他避免重蹈覆轍。

設計一個支援系統

凱文每天早晨穿鞋之前都要花一點時間想像在左鞋寫上「如果」兩個字，在右鞋寫上「那麼」兩個字。這個怪誕的小儀式就是他的支援系統，旨在控制他的一個可能釀成大禍的弱點。

凱文是一家軟體公司的全國銷售總管。如你所料，他的責任之一是制定全國的銷售戰略。凱文在這行有多種才能——他有分析頭腦、善於創新、有工作熱情——但不幸的是，他並不擅長作戰略規劃。

也就是說，雖然他很機敏，能夠預測可能挫敗他計畫的種種障礙，但是他天生不善於花時間思考各種不同的方案，並細想它們的後果。於是，他一早在鞋上畫字就是他所想出來的絕招，用來提醒他去問「如果……那麼」的問題，進而試圖預測可能出現的問題的多種解決方案。

只要你仔細觀察就會發現，這一類獨具特色的支援系統非常的多種。有一名天生缺乏條理的經理告訴我們，她的支援系統是向自己承諾，每月徹底清理一次辦公桌。還有一名教師，她天生就愛走神，以至於無法集中精力批改學生的作業。她用什麼支援系統呢？她定下了一條規矩：一次最多批改五篇作業。批完五篇之後，她一定得站起來，喝一杯咖啡。再批五篇，再停下來去餵貓。

每個人都有一套自己的支援系統，它猶如一副拐杖，幫助你應付一個在做事方面持續困擾你的弱點。也許它很簡單，如買一個「ＰＤＡ」來幫你記事；也許它很離奇，如在演說前想像你的聽眾都赤身裸體，藉此鬆弛神經。

但是，不管你用什麼支援系統，切勿低估它的作用。你能用來投資自我的時間總是有限的，如果一個支援系統能消除你對一個弱點的焦慮，那你就能省出時間好好思考如何增強你的優勢。

強強聯合，優勢互補

個人如此，企業也是如此。專注自己善長的地方，將自己不善長的地方包裝起來，透過高度的社會化合作來解決問題，這些都是擠身世界五百大企業解決自身「短板」的常用辦法。

近幾年來，全球企業合併、兼併和合作活動十分活躍，其中有不少企業還是這個行業的高手，曾經有過一度的輝煌。然而，隨著競爭的日趨白熱化，自身的短板暴露無遺，於是企業領導者為了彌補企業的弱點，開始大企業與小企業、大企業與大企業進行聯合。大企業間的合併、兼併案件急劇增加，引起國際社會的極大關注。

據美國證券資料公司統計，一九九六年美國企業合併、兼併交易額達六五八八億美元，比一九九五年的五一九〇億美元交易額增加了二七%，比上次創紀錄的一九八八年美國企業合併、兼併交易額三五三〇億美元增加了八七%。企業合併、兼併的主要特點是大企業（兩強）之間的聯姻。

一九九五年三月二八日，日本三菱銀行和東京銀行宣布合併，一九九六年四月一日正式組成東京三菱銀行，總資產超過五二一六萬億日元，成為世界上最大銀行之一。

一九九五年六月，美國第一聯合銀行與美國第一保險銀行合併，當時被稱為美國有史以來的最大銀行兼併案。

兩個月以後，美國排名第四位的化學銀行宣布與排名第六位的大通曼哈頓銀行合併，合併後組成的新大通銀行資產達二九七〇億美元，一躍超過花旗銀行，成為美國第一大銀行。

為什麼這麼多的世界性大公司會對企業的兼併如此感興趣呢？為什麼美國娛樂業大王迪士尼會要和大都會美國廣播公司合併呢？

思科公司總裁錢伯斯曾經說：「我不認為透過思科自己的努力來彌補缺陷是一種明智的選擇，雖然思科公司目前沒有明顯的短板，但由於不斷進入新的領域，思科必然要遇到相關領域的技術短板。如果思科只想用自己開發的技術來進入不同的領域，那麼到現在它將還是一家小公司。」

大企業合併、兼併、聯合和合作，能夠發揮規模效益、提高競爭能力，彌補合併雙方存在的「短板」問題。這種合併顯然有以下幾個好處：

實現超大規模經營、獲得最佳的經濟效益

美國的迪士尼公司和大都會美國廣播公司聯姻後不僅擁有了電影、電視、有線電視網、電話等一系列傳播手段，而且擁有製作和傳播兩大陣地。英國電信公司兼併美國第二長途電話公司的主要目標是，在世界通信市場日趨自由化的形勢下，透過擴大生產規模、降低經營成本，增強在國際市場的競爭能力。

實行優勢互補，加快研究和開發高技術產業

大企業合併、兼併、聯合和合作，可以優勢互補，協力研究和開發高技術、名牌產品，以壟斷某個領域的市場。在航太、電腦及軟體、電信、醫藥等產業領域中規模經濟效益比較突出。

專家們估計，在傳統製造業中，如果產量增加一五％，單位產品成本可以降低約六％；在新興產業，如電腦晶片，產量增加二五％，單位產品成本可以降低約一四％。而且一旦形成產業規模，其集中化、大型化和壟斷化的進程將進一步加快，優勢地位大大增強。

爭奪知識、技術和人才

跨國公司在使用人才方面已打破國家和地區的傳統觀念，用人的主要標準是能否為企業開發產品，改善經營和擴大市場。

雀巢公司是瑞士的一家跨國公司，該公司的總裁布雷貝克是奧地利人，他是近年來雀巢公司營利超過聯合利華公司的大功臣。聯合利華公司是由英國和荷蘭資本共同經營的跨國公司，目前由愛爾蘭裔費茲蓋斯和荷蘭裔塔巴雷共同擔任董事長。聯合利華在全球增設五十個研究中心，聘用當地專家針對中心所在地市場進行調查研究、開發新產品，和雀巢公司展開競爭。

自由市場經濟是一種分工合作、資源整合的經濟，如果能把原有的長板做得更長，做到極致，使其成為絕對的優勢，並且依此長度，到市場上尋找短缺的其他長板，透過優勢組合，組成一個新木桶，既可以解除短板的困擾，又可以最大限度地發揮長板的作用，同樣可以取得好的效益。

充分利用外部資源

在自然界中，藉助外在資源獲取利益的例子比比皆是。鯊魚的身邊總是遊弋著幾條靈巧的小魚，它們靠揀拾鯊魚獵食的殘餘為生；海鷗喜歡尾隨軍艦，因為後者的排水可以使海裡的小生物浮上水面，成為它們的食物；在叢林中，很多藤蘿植物是靠依附在參天大樹上得以享受陽光。

所以，如果你的公司還不具備壟斷一方的核心競爭力，如果你的組織還存在這樣那樣的短板，想要在激烈競爭中立穩腳跟，只有藉助於外部的力量。

有經驗的經營者會發現，如果在百貨公司裡設書報部和藥品部，要比設立專門的書店容易得多，也更容易取得較好的銷售業績。只要劃出一塊地方，無論房租、人工，還是裝修費用，都比開辦專門的書店、藥店便宜不少。

反之，那些專營圖書的書店就不同了，他們得專門去租一間像樣的門面，從櫥窗到書架的擺設、裝修都得花一大筆錢。而人員又不可太少，從營業員到主管、財務、經理都不可缺少。所售圖書又都是自己經營的，即便銷路不好也不得不在架上放幾本。

那麼，一個弱勢企業應該如何利用外部資源呢？

連橫——小小聯合。小企業根據自身發展的需要，聯合其他企業組成企業群或企業集團，以提高自己的市場競爭力。這種弱弱聯合的方式對增強小企業的抗風險能力，對小企業之間取長補短、發揮規模效益大有好處。

聯合的形式，可以是僅限於生產作業和專業化分工的鬆散型。也可以採取既有生產合作又進行資金和銷售聯合的緊密型。

合縱——小大聯合。小企業把自己的生產經營與發展納入某一個大企業的軌道，透過聯合，小企業可以得到相對穩定的供銷管道，從資金、技術到管理、資訊都能得到大企業的指導和支持。只有這樣，小企業才能發揮自己的專長，在既定的目標下開發為大企業服務的產品。

小大聯合，不是依附和寄生關係。如果抱著「大樹底下好乘涼」的想法參與聯合，遲早會得到被淘汰的命運，透過大企業的資金、技術和管理優勢，來逐步提高自身的專業化開發能力，才不違背聯合的初衷。

因此，「短板」是一定要補的，問題是你是否要用自己的大部分精力來彌補企業的缺陷呢？當然不是，只要你善於尋找外部的資源，就能透過外部的力量來彌補自己的「短板」。

固本務實，長遠發展

有些問題企業看不到管理系統內部存在的各種邏輯關係，為了迅速提升企業經營管理水準，盲目地模仿優秀企業的做法，而且普遍存在揠苗助長的急躁心理，認為拿個「最先進的殼子」一套，就萬事大吉了。但是，這種過於刻板的一對一拷貝的做法，卻為日後埋下了失敗的種子。

因為企業畢竟不是為一個短期目標而存在的，長遠的發展需要決定了企業必須不斷立足於市場變化而進行自我改造。然而，這種修補和改造並非一般人所說的那麼簡單，也絕非是僅僅透過一個策劃方案的實施就可以完成的。

管理是個循序漸進的過程，只有到了某個階段，才能去做該階段的事。比如大企業往往有一套精密而系統的薪酬、培訓、晉升、績效管理等人力資源制度體系。但是對於小企業而言，粗線條的管理反而會更有效。

在學習人家的造桶技術的時候，管理者應該怎樣下手呢？是直接把人家當前最好的東西拿過來嗎？是直接在企業中全面鋪開三六〇度績效考核體系或者平衡計分卡考核方法呢？還是應該先把職位職責的履行，以及目標管理扎扎實實地做好，然後再一步一步地朝著更為全面而完整的績效管理體系靠攏呢？

遺憾的是，大多數企業都在有意無意之間選擇了前者。許多過去從來都沒有做過規範化的績效考核，甚至連基本的本分都不清楚，目標管理從來就沒有到位的企業，也上來就引進所謂最新的技術，其後果自然是可想而知了。

因此，如果仔細觀察優秀企業，我們就可以清晰地看到在木桶的每一塊板子上，看到一條一條逐漸加高的歷史水位線，這是他們的管理水準在每一個不同的歷史階段不斷提升的結果。

創業者在創業初期更要儘量把眼光看遠一些，腳步踏實一些，不急不躁，苦練管理基本功，建立寬容的企業文化和試錯機制，鼓勵創新。特別是給員工犯錯的機會，讓員工在實踐摸索中，逐漸構建「鐵桶」並加強其堅韌性。

事實上，也只有企業的管理基礎穩固了，形成制度化、模式化、標準化，不會隨著人事變動而出現波動，企業的戰略才具有執行的可能與現實意義。

精選木板，挑選組員

托尼・卡內韋爾是美國培訓與發展協會的總經濟師。他曾指出：我們將每年聘僱一百多萬毫無基本技能的新工人，而他們並不符合我們目前的招募要求。而要使他們的基本技能達到要求並恢復原有的生產力，每年工業的培訓費就將增加二五〇億美元。

組建高效團隊的最初步驟就是挑選每一位置的最佳人選。重要的是能將不會有良好表現的人置於組外。我們必須認識到，有些人即使達到他們本人的最佳狀態，也會被證明不那麼好。我們一直所處的競爭市場逐漸地要由全球市場——一個競爭更加激烈的市場所替代，那裡的賭注要大得多。

團隊建設就如同一個體育組織，要讓一個有獲勝把握的團隊去參與競爭。你不應該盲目地將一些人隨便安在某個職位上，然後對他說：「這是你的工作，無論如何，一定要取得好成績。」

這樣一來，一些能力欠缺的人是註定不會取得滿意成績的，在專業體育比賽中不能這樣做，在公司和其他組織中同樣也不能這樣做。在體育比賽中，如果他們不會贏，在公司中，他們也不可能去努力競爭。

如何招募最優秀的員工為你工作，是一個企業預防短板出現的最重要手段。微軟公司就是這方面的典範，那麼它又是如何發現和選聘傑出員工的呢？

負責招聘者每年要訪問一三〇多所大學。申請者在匯集到西雅圖郊外的公司總部前，可能已在校園內接受了多次考察。到總部後，他們要花一天時間與公司中從各部門來的至少四位考官進行面談。面談的問題側重於應徵者的創造力與解決問題的能力，而不是具體的程式設計知識。

就是透過這種嚴格的選人方式，微軟公司才得以保證其團隊工作的高效率，保證了其在電腦軟體領域的主導地位。

動態平衡，自動修復

不可否認，在傳統的組織構架下，各個部門之間設置了明確的職責甚至森嚴的壁壘，就像一個桶的各個木板之間一樣，無法互相代替和支持，當然，其中任何一個部門效率和能力上的欠缺，都會成為制約公司發展的瓶頸因素。

那麼，如果這種結構沒有錯，你真的要好好想想如何利用木桶理論，隨時關注企業的各個環節，盡快發展對公司業務制約最大的「短木板」，並且補足，進而使得整體的力量充分發揮出來。

但是，你的企業為什麼一定要是木桶呢？如果它是一個自動平衡和自動修復的「容器」，每一個缺口和短板都可以盡快透過自我修復和自我組織得到彌補，那麼就不存在所謂的「短板」，公司的自我平衡能力會始終保持各個木板之間的平衡。

想要裝滿水，木桶所有的木板就要一樣高！

當然，這很不容易，就像公司要有核心競爭力一樣，公司中的每個人都會由於教育背景、經驗、個性等特徵有自己最擅長的事情，不可能在公司內做到完全的自由流動。不過完全的流動雖然做不到，其實也不必要，公司只要具有了適當的柔性，就可以把那些可能出現的短板盡快找到並且補齊。

用人之長，避人之短

一位優秀的企業領導者，假如把每個下屬所擅長的方面有機地組織起來，就會給企業的發展帶來整體效應。因此，有效地調動每個下屬的長處，是一位合格的企業領導者的責任。換句話說，高明的領導者應趨利避害，用人之長，避人之短。如此一來，則人人可用，企業興旺，無往而不利！

一個工程師在新產品開發上也許會卓有成效，但是他不一定適合當一名推銷員；反之，一個成功的推銷員在產品促銷上可能會很有一套，但他對於開發新產品卻一籌莫展。如果老闆在決定聘僱一個人之前，能詳細地瞭解此人的專長，並且確認這個專長確實是公司所需，就應該對他的缺點有所包容。

選拔人才的最佳標準是德才兼備，但是事情往往與自己的願望相違背，我們退而求其次使用有缺陷的人才時，應該注意些什麼？

有缺陷的可用之才大體可分為兩種：一種是才能不足的人，另一種是德行不足的人。對不同類型的人，有不同的使用方法。

對於才能不足的人才，要對他們授以謹慎處事的秘訣，讓他們在日常的人際交往中正視自己的不足，注意虛心學習，同時也可以避免因逞強好勝而引起的是是非非。

對於德行不足的人，則應該順勢引導。一般來說，人的本性是見利不能不求，見害不能不避。趨利避害是人的本性。商人做買賣日夜兼程不遠千里，為的是追求利益；漁民下海，不怕海深萬丈，敢於逆流冒險搏鬥，幾天幾夜不返航，因為利在海中。因此對許多人，只要有利可圖，雖然山高萬丈也要攀登；水深無底也要潛入。所以，對於德行不足的人，也並非一概不用。

人都有優點和缺點，用人貴在善於發現發揮人才所長，對其缺點的幫助教育固然必要，但與前者相比應居於次，而且幫助教育的目的，也是使其短處變為長處。如果只看短處則無一人可用，反之若只看人長處則無不可用之人。因此，在人才選拔上切不可斤斤計較人才的短處，而忽視去挖掘並有效的使用其長處。趨利避害，用人所長，這是真正的用人之道！

一第七章一

抓短和護短

每個人都有弱點，只要找出來，並且在上面施加一定的影響，就能輕而易舉地打敗他們。

對於敵人來說，我們應該找出每個人的命門，打蛇打七寸；對於自己來說，我們應該避免把最薄弱的地方暴露給對手。

打蛇打七寸

每個人都有弱點，只要找出來，並且在上面施加一定的影響，就能輕而易舉地打敗他們。有些人公開展現自己的弱點，有些人加以偽裝。對付那些會掩飾自己弱點的人，一旦找對了可突破的命門，他們就會垮得一塌糊塗。

因此，一份好的戰略計畫應該有很大的一部分是關於競爭對手的。它必須仔細分析市場中的每一個主要參與者，列出競爭中的弱者與強者，同時制定出行動計畫，去剝削弱者，抵禦強者。

更為理想的情況是應該包含一份競爭對手的人員名單，包括他們慣用的戰略及運作風格，就像第二次世界大戰時德軍擁有盟軍將領的名單一樣。

不管是公司還是個人，想要取得成功，就必須找出競爭對手的弱點，並且針對那些弱點發起攻勢。人們常說的打蛇打七寸，正是這個道理。

任何行業或領域的參與者都會在市場中扮演四種不同的角色：市場領導者、市場挑戰者、市場追隨者、市場補缺者。

市場領導者在相應市場中佔有最大的市場佔有率，在價格影響力、新產品和新技術開發、分銷網路覆蓋和促進等方面處於領導地位。

市場挑戰者必然是處於市場第二位和第三位的公司。市場挑戰者想要進一步發展，就要採取進攻策略，瞄準市場領導者並發動進攻，以擴大自己的市場佔有率。而進攻的前提就是首先要明確戰略目標和競爭對手，也就是說要明確誰是市場領導者，抓住市場領導者的薄弱環節，進行攻擊。

赫茲公司（Hertz）是全美最大的計程車公司，擁有覆蓋廣泛的租車網點、豐富的車型儲備、一流的服務人員和服務品質——這些都是它的優勢，作為第二位的阿維斯（Avis）瞄準其弱勢——等候的隊伍很長，於是阿維斯在廣告中說：「從阿維斯租車吧，我們的隊伍更短。」

以後很長的一段時間內，在阿維斯租車公司的廣告進攻中，赫茲公司的市場佔有率不斷被蠶食。

找出每個人的命門

在人的一生中，你的目標在某種程度上是能夠控制未來事件的發展，你面對的難題是，人們不會告訴你他們全部的想法、情緒與計畫。他們說得很節制，總是隱藏了個性中最關鍵的部分——他們的弱點和秘密。結果使你無法預測他們的行動，經常陷入迷霧之中。

訣竅在於透過各種途徑探測他們，發現他們的秘密和隱藏的意圖，不要讓他們知曉你心裡的盤算。如何尋找這些弱點和秘密呢？關鍵應該注意以下幾個問題：

注意人們的各種姿態和無意識的信號

就像佛洛伊德指出的：「沒有人可以守得住秘密。如果他閉上嘴不說話，也會用指尖喋喋不休表達出來，每一個毛孔都會顯露出違背其意志的資訊。」在尋找別人的弱點時，一個重大關鍵點在於——弱點會以看似無關緊要的姿態以及從隨口而出的話語中表現出來。

關鍵不在於你觀察到什麼，還包括當時的場合以及如何觀察的問題。日常的對話能提供最豐富的礦藏，讓你能挖掘出他人的弱點。要訓練自己明察秋毫的能力，裝出對對方頗有興趣的樣子，表現出一副洗耳恭聽的同情姿態會鼓勵他人開口傾訴自己的心事。

十九世紀法國政治家塔里蘭慣用的策略，就是對別人表現出開誠布公的態度，與他們分享秘密。秘密可以完全捏造，也可以是真實的，但都無關緊要，重要的是必須看起來發自肺腑。這樣一來通常能引誘對方和你一樣坦白，做出真誠的回應——能夠顯露出弱點的回應。

如果你希望瞭解某人的弱點，就可以間接迂迴地去探觸。譬如，你意識到某人有被愛的需求，就對他進行公開的奉承，如果他對你的讚美流露出饑渴，就說明你看準了。

要經常訓練眼睛注意生活中的一些細節：一個人如何給小費，什麼事讓他開心，還有衣著所隱藏著的資訊。找出他們的偶像，以及他們崇拜且不計一切要得到的東西，或許你可以給他們提供滿足。記住：由於人們都在拼命地尋找隱藏的缺點，所以你很難從有意識的行為中找出蛛絲馬跡；而由意識控制外的小事表露出來的資訊，才是我們需要的情報。

發現童年

可以發現，絕大多數人的弱點皆來自於童年，或許這個孩子會在特定領域得到嬌寵，然後沉溺其中，也或許以某種情緒需求來得到滿足。但等到他們長大了，會將其沉溺或不足埋藏起來，但是永遠不會消失。瞭解童年的需求能給你一把有力的鑰匙，找出對方的弱點。

尋找真實

公開的特徵中往往隱藏著相反的習性，例如：拍胸脯的好漢經常是膽小鬼；正經八百的外表可能隱藏著淫蕩的靈魂；神經質的人往往追求冒險；羞怯的人渴望注意。超越表象，深層探測，你就會發現一個人的弱點正是他向你顯露的優點的反面。

找出脆弱的環節

有時候在尋找弱點時，重點是找出關鍵的人物。在古代宮廷政治裡，往往有一名幕後角色，掌握著非常大的權力，他對檯面上掌權的人具有非凡的影響力。

這些隱藏身後的掌權者就是團體脆弱的一環：贏得他們的寵愛，你就可以間接影響國王。另一種情況是，即使在人人齊心的團體中，當團體遇到攻擊時，在這堅固的鎖鏈中，也必定存在著脆弱的一環，你所要做的就是找出會在壓力下屈服的那個人。

填補空虛

需要填補的兩種主要情感空虛是不安全感和不快樂。缺乏安全感的人會緊緊握住任何形式的社會承認不放；至於不快樂的人，你要尋找他們不快樂的根源。缺乏安全感及不快樂的人，最沒有能力掩飾弱點。

利用無法控制的情緒

無法控制的情緒可以是妄想的恐懼和任何卑劣的動機，例如色欲、貪婪、虛榮或仇恨。受到這些情緒支配的人往往無法控制自己，而可以任由別人來控制他們。

利用別人的弱點來征服他人也是十分危險的：你可能激發出自己無法控制的行動。在人生遊戲中，你永遠得看遠幾步，再根據自己的視野來謀劃。許多人受情緒的支配，缺乏先見之明，一旦攻擊他人不設防的地帶，進入他們無法控制的領域時，就可能會釋放出強大的破壞力量。因此，逼迫怯懦的人採取大膽行動，可能會使他們走得太遠，超過你想要的。

保護好「阿基里斯之踵」

阿基里斯是希臘神話中最偉大的英雄之一。他的母親是一位女神，在他降生之初，女神為了使他長生不死，將他浸入冥河洗禮。阿基里斯從此刀槍不入、百毒不侵。只有一點除外——他的腳踵，由於被提在女神手裡，未能浸入冥河，於是「阿基里斯之踵」就成了這位英雄的惟一弱點。

在漫長的特洛伊戰爭中，阿基里斯一直是希臘人最勇敢的將領。他所向披靡，任何敵人見了他都會望風而逃。但是，再強大的英雄也有弱點。在十年戰爭快結束時，敵方的將領阿里斯在眾神的示意下，抓住了阿基里斯的弱點，一箭射中他的腳踵，阿基里斯最終不治而亡。

對於一個組織或者團隊來說，有合作就會有競爭，而在激烈的競爭中，自身薄弱的部分最有可能被對手發現，進而導致在競爭中失利。自身或組織內部的薄弱之處就是我們的「阿基里斯之踵」。

不管是一個明智的個人，還是一個健康的組織，都應該避免把最薄弱的地方暴露給對手。因此，保護和加強「阿基里斯之踵」，是個人或組織在前進道路中不得不重視的一件事情。

給對方必要的震懾

你的弱點可能會被發現或導致他人的攻擊時，在必要時你應該表現出有足夠的自信心，才能給他人震懾力，進而達到護短的目的。

藝術經紀人杜文有一次出席一位大亨在紐約住宅舉行的聚會，不久前他以高價賣給這位大亨一幅德國畫家杜勒的作品。賓客之中有一位年輕的法國藝術家，他似乎博學多聞，而且很自信。為了想給他留下深刻印象，大亨的女兒向他展示了杜勒的作品。

這位藝術家仔細端詳一陣子，終於表示：「你知道嗎？我不認為這幅畫是真品。」年輕的女士趕忙跑去告訴父親，他也緊隨其後，並且在旁聆聽。這位大亨深為震驚，轉向杜文要求保證，杜文只是輕輕一笑：「多麼有趣啊！你知道嗎？年輕人，在美國和歐洲至少曾經有二十名藝術專家也和你一樣上了當，他們表示這幅畫是假的，現在你也犯了同樣的錯誤。」他自信的語氣和權威的態度威嚇住了這名法國佬，他趕緊為自己的錯誤道歉。

杜文知道藝術市場充斥著贗品，許多畫作不誠實地掛上昔日大師的名字；他盡一切努力去分辨真偽，但是在他熱心賣畫時，也常常誇大了作品的真實性。對他來說，重要的是買主自認為自己買了一幅杜勒的作品，而杜文本人透過他無懈可擊的權威姿態使每個人都認為他就是「真正的行家」。

這種事情聽起來可能有點不太光明正大，然而，在某些特定的場合，這些戰術的確卓有成效。如果你很老練，就不會破壞你的任何信譽。

許多人認為，醫生是威懾冠軍。比如他也許會說：「我不管你有多忙，你必須馬上住院，我們要給你做個徹底的全身檢查，找出你頭痛的原因。至於你的工作，先放放吧！保命要緊。」

如果醫生不是最佳威懾者，這個名號只能給律師了。由於他們懂得法律、合約以及案例，所以他們總是佔據主動的位置。只有當你遇到問題時，才會去找律師，所以從一開始他就控制了局勢。

你帶著稅務問題來到一家像樣的會計師事務所時，情況也是如此。當證券管理委員會和稅務部門找上門時，如果你沒有完全依照忠告行事，無論願意與否，他們都將把你籠罩於他的威懾之下！

其他人也會用他們的專業知識、博士學位、履歷，或者其他任何手段形成威懾形象，唬住他們的顧客。在這種威懾下，顧客很難察覺威懾者的錯誤和弱點，就算他們不小心發現威懾者的錯誤，也不會直接提出來，進而給威懾者有時間來彌補自己的錯誤和缺點。

和哈姆雷特一起裝瘋賣傻

西元前二一九年至二〇二年，第二次迦太基戰爭期間，偉大的迦太基將領漢尼拔以他的精明、詭詐聞名於世。在他的領導下，迦太基的軍隊雖然人數比羅馬軍隊少，卻不斷以計謀取勝。

然而有一次漢尼拔犯了一個嚴重的錯誤，將大軍引領到沼澤地帶，背後就是大海，羅馬軍隊又堵住了通向內陸的山隘，羅馬將領法比斯欣喜若狂——他終於困住了漢尼拔！於是他在山隘部署了最好的步哨，打算一舉殲滅漢尼拔。然而到了深夜，步哨向下望時看見了神秘的景象，大排長龍的亮光往山頂行進，而且是成千上萬數也數不清的亮光，好似漢尼拔陡然之間兵力增長百倍。

步哨激烈爭辯這究竟是怎麼回事？從海上來了援軍？在這個區域隱藏的伏兵？還是

鬼魂？在他們注視時，整座山到處冒出火花。然而，這項巧計成功的關鍵不是火把、不是火焰、也不是恐懼的聲響，而是漢尼拔抛出一個謎團，抓住了步哨的注意力，令他們驚怖萬分。

如果你發現在某些場合自己落入了陷阱，被逼到了角落，或是淪於守勢，試試一項簡單的實驗，採取一項別人無法輕易解釋的行動。

有效的聲東擊西策略是，表面上支持一項其實是違背個人情操的主張，大部分人會相信你經歷了內心重大的轉折。同樣的道理適用於偽裝的標的物：表面上追求你其實完全不感興趣的事物會讓你的敵人摸不著頭緒，然後在算計中犯下各種錯誤。

選擇簡單的戰略，但是執行的方式要令對手不安。你的行事可以有許多種不同的詮釋，讓別人摸不清意圖，然而不要只是令人捉摸不定，要像漢尼拔，創造出無法解讀的景象，讓你的瘋狂行動幾乎是無跡可尋、毫無道理、沒有單一的解釋。如果你做得正確，將會激起對手的恐懼，最後甚至會放棄堅持，這叫做「哈姆雷特裝瘋賣傻」策略。

運用這套策略要講求方法，不要閉緊嘴巴隱藏你的意圖，這樣會顯得鬼鬼祟祟，讓人心生懷疑；相反的，你要不斷去談論你的渴望和目標——當然不是真正的目標，如此一來不但顯得友善、開放、信任別人，也隱瞞了意圖，會讓對手疲於奔命，徒勞無功。

在莎士比亞的劇本裡，哈姆雷特運用這套策略達到極大的效果，他藉助神秘兮兮的行為舉止，恐嚇了繼父克勞迪斯。神秘使得你的權勢看起來更龐大，你的力量也會更令人害怕。

如果你的社會地位讓你無法為自己的行為籠罩上一層密不透風的神秘外衣，至少也得學會讓自己不要那麼清澈見底。你得不時露一手，行為方式不要吻合其他人對你的認知。這麼一來你就迫使周圍的人採取防衛姿態，引起他們的關注，自己的弱點和錯誤也就能很容易地隱藏起來。

第八章

反木桶定律

精力、金錢和時間，應該用於使一個優秀的人變成一個卓越的明星，而不是用於使無能的做事者變成普通的做事者。

人們不應該把努力浪費在改善低能力的人或技能這一方面，而是應該使那些表現一流的人或技能變得更加卓越。

木桶定律「失靈」

作為全球最大的管理諮詢公司，麥肯錫曾經為一家電子企業把脈診斷，提供諮詢業務。經過診斷，麥肯錫發現其主要問題在各自分散的銷售分公司上，於是建議該公司將其優化組合成一家或少數幾家銷售公司。然而，在該方案實施不久，該電子企業的銷售情況不但沒有好轉，反而持續惡化。雙方的合作最終以失敗結束。

以其理論而言，麥肯錫的建議毫無疑問是正確的，做法也是符合情理的，然而其結果卻是這家電子公司最終不得不與麥肯錫公司終止合作，並且賠上了至少三百萬美金的代價。

現實生活中，我們常常會發現這樣的現象：許多企業存在著這樣或那樣的明顯問題，比如服務不好、產品有缺陷、關鍵技術人員不足、老闆素質低下，可是這些企業仍能以比較快的速度向前發展，許多企業甚至還發展得很快。

麥肯錫錯在哪裡？為什麼短板加長之後仍然達不到預期的效果？為什麼「木桶定律」會在這裡失去說服力？難道「木桶定律」存在著「失靈」的現象嗎？

只要仔細分析，我們就會發現，企業產品因為成本過高而定價太高時，一些專家們會建議企業採用供應鏈管理（SCM），壓縮營運成本；當企業產品的品質不夠理想時，專家們會要求企業採用全面品質管制（TQM）；當企業的銷售管道不暢通，顧客抱怨企業對他們關心不夠時，營銷專家們會建議企業採用客戶關係管理（CRM）和企業業務流程重組（BPR）……

針對這些不足，許多人，特別是許多國際諮詢公司在對企業進行諮詢診斷時，面對企業的「短板」，他們會盲目地把短板加長、加寬。企業如果不願意這樣做，一些專家們還會恐嚇企業，如果不把這塊營銷木桶上最短的木板給補上，會影響整個營銷木桶的盛水量。

然而，補短的結果確實使短板變成了「長板」，問題卻依然如故，甚至更加嚴重。

麥肯錫兵敗的主要原因也是就事論事，將所謂的短板盲目加長。

當然，一個企業如果具備了西門子的品質、戴爾的便捷、格蘭仕的超低價、星巴克的體驗，這個企業肯定是世界上最優秀的企業。然而，這如同要求一位女人要具備全世界所有漂亮女人的所有優點一樣，雖嚮往之，但實不能至。事實上，一個企業所擁有的資源總是有限的，所以不能要求企業在各個方面都有所長。一個企業只要在產品品質、價格、方便性、增值服務和客戶體驗等五個屬性中選擇一個或幾個作為公司經營的主要目標，在這幾個屬性中培養起核心競爭力，其他幾個屬性只要達到行業一般的水準就已具備了足夠的競爭力。

在進行資源配置的時候，如果你把大部分的資源投入到最短的那塊木板上，也就是說投入到劣勢業務專案上，那麼投入到優勢和發展業務項目上的資源就相對較小。而優勢和發展業務項目其實都是比較穩定的業務（投入與產出成正比），投入降低就會影響到產出，這樣就違反了效益原則。

再按照效率的原則來討論。劣勢業務之所以是劣勢業務，就是因為它是最消耗資源且產出最小的業務，而且是最不容易提高業績的業務，用二八法則評定，它是投入八〇%的資源而只產出二〇%成果的業務，因此它就是沒有效率的業務。

發現自己的優勢

每個人都有自身的優勢。這些優勢有些是外在的，有些則是潛在的。也有一些人，自身的優勢並不透過渴望而呈現，雖然它就在你的身上，但你並沒有意識到優勢的存在。相反的，在你以後的人生道路上，因為某個原因或者某件事情會將它突然喚醒，你才發現，原來，這才是你經營人生的最好憑藉。

弗雷德里克是美國一家公司的普通職員，每天除了上班之外便無所事事，直到有一天，他到英國旅行，卻意外地發現了成就其一生的事業——公園建築。他說當他看到「無數的樹籬，滿山遍野的山楂，和煦的陽光透過水汽傾瀉下來，似幻似真，那種感覺美妙極了」。他回到美國後，根據記憶把那裡的景色描繪下來，經過反覆斟酌和修改，他參加了全美有史以來參與者最廣泛的園林設計大賽，並且最終獲得了一等獎。現在，美國紐約的中央公園就是按照弗雷德里克的設計修建的。

如今的弗雷德里克已經不再是普通職員了，他偶然間發現了自己更好的生存優勢，並且依靠這個優勢成了世界著名的園林建築師。

亨利・馬蒂斯與畢卡索是同時代人。但與自幼就是神童的畢卡索不同，馬蒂斯並未對繪畫產生過任何渴望。事實上，他長到二十一歲，從未拿過畫筆。他原本是一名律師的文書，而且大部分時間疾病纏身，萎靡不振。

一天下午，他在又一次重感冒後躺在床上休養，他的母親為了給他找些事以便打發無聊的時光，隨手遞給他一盒顏料和一疊白紙。然而，就連亨利・馬蒂斯自己也沒有料到，就在這一刻，他的人生旅程發生了巨變。面對五顏六色的顏料，他的思維就像野馬馳騁在遼闊的草原，感到體內湧出一股巨大的能量，就像剛從黑牢中放出，遇到刺眼的陽光。

馬蒂斯信手在白紙上畫了起來，他看著自己的作品怡然自樂。從此，他迷上了繪畫，如饑似渴地研讀一本本繪畫手冊，日復一日地畫個不停。四年以後，他完全依靠自學而考取了巴黎一所美術學院，拜在大師古斯塔夫·莫羅的門下。

日常生活中，你可能也有相似的經歷。你開始學一門新技能——因為你有了一份新工作，遇到了一次新挑戰，或來到了一個新環境——突然間你的大腦一片開朗，彷彿整排的開關驟然開啟。你所學的技能沿著新開啟的思維飛馳，你的動作很快就擺脫了新手身上常見的僵直和生硬，而像大師一樣行雲流水。

毫無疑問，不是每個人都經歷過這種人生為之改變的時刻，但是無論什麼技能，無論是銷售、演示、建築製圖、對一名員工進行職業發展回饋、準備法律文書、起草商業計畫，還是清掃酒店客房、編輯報紙文章或安排嘉賓參加晨間電視節目，如果你學得特別快，就應該深入考察。

如此，你就能識別到藏在背後的潛在優勢，而這種優勢你先前並沒有察覺到，在做一種創意性的工作時，如果你感覺良好，你就很可能在使用一個你還沒有發掘到的更好的生存優勢。

這似乎非常簡單，就像一句諺語說的：「如果感覺好，就行動。」在日常工作生活中，我們都有這樣的體會：讓一個人從事所擅長的工作，他往往會做得得心應手，信心十足；讓他做自己不擅長的工作，往往會讓他焦頭爛額，信心全無。

其實這很好理解，一個人或一個企業的優勢總是有限的，這個人或企業要獲得成就，必須要將自身的優勢發揮到最大化，也就是說，要將好鋼用在刀刃上。

放大自己的優點

面對生活的重壓，個人的生存需要強化優勢，只有清楚地知道自己賴以生存的優勢，並且努力把這種優勢發揮到極致，才能夠坦然接受人生的挑戰。

一個窮困潦倒的青年流浪到巴黎，期望父親的朋友可以幫自己找一份謀生的工作。

父親的朋友問：「數學精通嗎？」青年羞澀地搖頭。

「歷史和地理怎麼樣？」青年還是不好意思地搖頭。「法律呢？」青年窘困地垂下頭。

「會計怎麼樣？」父親的朋友接連地發問，青年都只能搖頭告訴對方——自己似乎從來就一無長處，連絲毫的優點也找不到。

「那你先把自己的住址寫下來，我總得幫你找一份事做。」青年羞澀地寫下自己的住址，急忙轉身要走，卻被父親的朋友一把拉住了：「年輕人，你的名字寫得很漂亮嘛，這就是你的優點啊，你不該只能滿足找一份糊口的工作。」

把名字寫好也算一個優點？青年在對方眼裡看到了肯定的答案。哦，我能把名字寫得叫人稱讚，我就能把字寫漂亮，能把字寫漂亮，我就能把文章寫得好看……受到鼓勵的青年，一點點地放大著自己的優點，興奮得腳步立刻輕鬆起來。

數年後，青年果然寫出享譽世界的經典作品。他就是家喻戶曉的法國十八世紀著名作家大仲馬。

世間有許多平凡之輩，都擁有一些諸如「能把名字寫好」這類小小的優點，但由於自卑等原因常常被忽略了，更不要說是一點點地放大了，這實在是人生的遺憾。須知：每個平淡無奇的生命中，都蘊藏著一座豐富金礦，只要肯挖掘，哪怕僅僅是微乎其微的一絲優點的暗示，沿著它也會挖出令自己都驚訝不已的寶藏……

道理是再簡單不過了——許多成功，都源於找到了自身的優點，並且努力地將其放大，放大成超越自己和他人的明顯優勢。微軟公司總裁比爾‧蓋茲是世界上最早發現自己的長處，並且果斷地經營自己長處的人，他成為世界首富不足為奇。

人生的訣竅就是經營自己的長處，在人生的座標系裡，一個人如果站錯了位置——用他的短處而不是長處來謀生的話，那是非常可怕的，他可能會在永遠的卑微和失意中沉淪。

從優秀到卓越

彼得・杜拉克曾經在《哈佛商業評論》撰文指出：「精力、金錢和時間，應該用於使一個優秀的人變成一個卓越的明星，而不是用於使無能的做事者變成普通的做事者。」這是一個與木桶定律相悖的忠告，我們稱之為「杜拉克原則」。

彼得・杜拉克認為，人們不應該把努力浪費在改善低能力的人或技能這一方面，而是應該使那些表現一流的人或技能變得更加卓越。

儘管我們還不能確切地知道，把一個優秀的人變成一個卓越的人，比把一個無能的人變成一個普通的人，究竟能節省多少精力、金錢和時間，但是杜拉克的觀點效果還是顯而易見的。

杜拉克告誡說，壞習慣必須改掉，因為它妨礙你取得成就。但對你在某個方面的缺點和不足，卻不一定要花大力氣把它提高到普通水準。因為，這樣做的話，改善的很可能不是你某個方面的能力，而是使你失去自我！

木桶定律著眼於人的不足、缺點，而且認為人們的不足、缺點都是不好的，因而人們應該千方百計地彌補不足、改正缺點。杜拉克原則關注的是人的長處，組織或個人應該千方百計地創造條件，把精力、金錢和時間都用在發揮人的優點上，而讓人的缺點不要干擾優點的發揮。那麼，什麼是優點和長板子呢？

長板子和優點就是人們各項能力中相對突出的能力，即核心競爭力，是我們賴以生存和發展的關鍵性能力。

一只木桶，只要有長板子就可以補短板子，人們應該在核心競爭力足夠強的時候再花大力氣彌補不足。因此，對於個人來說，不要盲目地補短板子，在補短板子之前要審視一下自己的基礎競爭力如何，有沒有核心競爭力，在想裝更多的水的時候，先想一想憑什麼能裝更多的水。

如果過分強調各方面能力的均衡發展反而不利於自身的生存，甚至制約發展，因為我們是用「揚長避短」來謀生和發展的，而不是用已之短。這與中小企業適合使用「重點集中」戰略有異曲同工之妙，只不過「重點集中」是企業的競爭戰略，而修煉長板子則是個人安身立命之根本罷了。

修煉長板子的方法也很簡單：先給自己做一個「ＳＷＯＴ」分析，即優勢、劣勢、機會、威脅分析，然後針對面臨的機會和威脅不斷地去強化自身的優勢。最好是這些長板子能達到內外競爭的領先地位，在競爭中奠定優勢，這樣才能騰出手來補短板。

個人是這樣，對於企業來說也是這樣。一些企業管理者時常將「木桶定律」掛在嘴邊，例如：「我們要補上技術的短板」，或是「我們要彌補服務的短板」，因為大家都認為：一個企業想要形成自己的綜合競爭優勢，必須補齊最短的那根木板，做到共同進步。

但許多企業都是中小企業，目前遇到的最大問題仍然是生存發展問題，需要將有限的資源放在最優勢的領域，在前進中解決問題，彌補「短板」。大家將更多的精力用在「補短」上，自然而然地，就會減少在「補短」的另一面——發揮優勢上花費精力，最終可能導致自己的「短板」並沒有變長多少，而以前的優勢卻喪失殆盡。這樣的例子在我們身邊時常發生，值得警惕。

心學堂 38

長板與短板理論

企劃執行	海鷹文化
作者	李慧泉
美術構成	騾賴耙工作室
封面設計	九角文化/設計
發行人	羅清維
企劃執行	張緯倫、林義傑
責任行政	陳淑貞
出版者	海鴿文化出版圖書有限公司
出版登記	行政院新聞局局版北市業字第780號
發行部	台北市信義區林口街54-4號1樓
電話	02-2727-3008
傳真	02-2727-0603
E-mail	seadove.book@msa.hinet.net
總經銷	知遠文化事業有限公司
地址	新北市深坑區北深路三段155巷25號5樓
電話	02-2664-8800
傳真	02-2664-8801
香港總經銷	和平圖書有限公司
地址	香港柴灣嘉業街12號百樂門大廈17樓
電話	（852）2804-6687
傳真	（852）2804-6409
CVS總代理	美璟文化有限公司
電話	02-2723-9968
E-mail	nct@uth.com.tw
出版日期	2025年06月01日　二版一刷
定價	320元
郵政劃撥	18989626　戶名：海鴿文化出版圖書有限公司

國家圖書館出版品預行編目（CIP）資料

長板與短板理論【木桶定律】／李慧泉作.
-- 二版. -- 臺北市：海鴿文化，2025.06
面； 公分. --（心學堂；38）
ISBN 978-986-392-565-1（平裝）

1. 職場成功法

494.35　　114005254

SeaEagle

SeaEagle